漫娱图书
SINCE BOOKS

脑　洞　衍　生　系　列

绝地反击的高级吐槽

神逻辑 2

石佩灵 著

序

陷入一个“因为我想和你做朋友”的游戏

一大早，手机钉钉上突然窜出来一条好友请求，点开一看，我又被奇葩骚扰了。

作为一个胆小怕事的人，我默默地关掉了 APP，并假装没有看到这条信息，心里早奔跑过千万匹的草泥马你这样都能找到我?

我称这个和我只有两个月短期恋爱关系的男人为奇葩。为什么说他是奇葩呢?

刚在一起一周时间就站在红树林的海岸线边发誓爱我一生一世至死不渝，并且要求我对天发同样的誓言，不然就天打雷劈；谈恋爱两周就哭着闹着要结婚，逼着我过春节一定要和他回老家，开着我的小车去走他们老家只有牛车才能走得了的泥路。

类似于因为他爱我，因为他号称对我倾注了自己全部的感情，所以我就一定要怎样的事件数不胜数。

而且自从知道我买了房子以后，奇葩就开始婉转地提出要把他爸妈接过来和我们一起住，享享福，因为他们辛苦了一辈子。

Excuse me？我当初连自己的亲爹娘都没打算要接到身边来，我和你爸妈很熟的吗？

看到这里，有点脑子的人应该都明白了，他之所以陷入这样的疯狂，不是因为我美过了迪丽热巴、古力娜扎，而是因为我的经济条件优于他无数倍。我是吃过苦的人，从来不会觉得找对象穷一点有什么关系，但我还没爱你爱到这个程度。

于是在火速分手后，我开始自作自受地陷入了被骚扰支配的恐惧之中。

这个奇葩仿佛从来不懂什么叫好聚好散。

在微信和电话无数轮疯狂的辱骂后，被拉黑的他开始通过非常规的渠道联络我。例如在微信上@我一下:“你还住在XXXX小区吗，我怎么没见到你了？”附带一个在我房子周边的定位。

虽然不住那里了，他的信息还是让我颤抖了一下，脑海里飞快地闪过“因爱生恨前男友泼硫酸毁容”“分手后女生被前男友连刺9刀”等等一系列社会新闻，然后再努力地自我安慰，他性格偏激但本质还是善良的，说不定只是碰巧路过，不是故意跟踪。

然后是支付宝，万恶的支付宝开通了社交功能，他开始用支付宝联络我：你过得好吗？我很想你哦。

我又颤抖了一下，默默地谴责自己当初是不是眼瞎了才找上这么个货，然后继续装死，祈祷他有一天可以忘记我，或者把我当个屁放了。

直到他终于记起来可以用 QQ 信箱给我发邮件。

“你还好吗？我很想你。大家都结婚了，做不成情人可以做朋友吗？”

我盯着这封语言和智商都 LOW 到超过人类底线的邮件，疯狂地敲打键盘回复了一串字：

“我很好！不想联络！不想做朋友！不要再找我！”

然后火速拉黑信箱。

那一刻我好想跳到他面前，朝他疯狂地大喊：“你看清楚啊，我生两个孩子了啊！我是已婚妇女而且已经 180 斤，一屁股就能坐死你啊！求求你放过我啊！我不想再回忆过去啊！你这样不依不饶我很抓狂啊！”

我这几年，仿佛和他在玩一个叫作“我想和你做朋友”的变态游戏。要命的是，在互联网信息和功能都爆炸的时代，他如果想，是总能够找到我的。

可是凭什么，你爱我，我就必须要爱你？你想娶我，我就必须要嫁给你？

凭什么，你想和我做朋友，我就必须要和你做朋友？你想找到我，我就必须要出现？

我可以选择和谁做朋友吗？我可以。

我可以选择这辈子不要再见到你吗？我也可以。

因为我每天工作超过十二个小时，依然坚持半个小时的慢跑；我注重饮食健康均衡，想要长命百岁；我努力工作，写字，妥善地照顾家人和自己；我每天都怀抱着梦想，去争取属于自己的越来越好的生活。

那么，我为什么不能选择和谁做朋友，和谁绝交？

就因为，你的那一句：我曾经真心真意对你，你居然甩了我，我不甘心？

接到这本书的选题的时候，在我脑海里第一个浮现出来的就是这个故事。“因为我爱过你，所以你必须回报我”，这是典型的逻辑谬论。同时这也是我想要写一写逻辑学的首要原因。我想抛开文字间的情感，人性和欲望，从更理性的角度去看待这个世界，为什么世界会变成现在这样。

为情所困的女生从二十楼一跃而下，是因为男友移情别恋？

老太太独居十二年，只因重男轻女，不孝独女从未回家探望？

……

这个世界在公平和不公平的博弈之间搅拌，揉碎，撕裂，谁都觉得自己是最有道理的那一方。

我们大家从出生开始接受不同的教育，在不同的环境下生长，遇到不同的人，培养了各式各异千奇百怪的价值观，所以一千个人就有一千种看待生活的方式。

我想要去结束的事，另一个人未必想要去结束。

而我唯一能够尊重他的方式就是，当他下次想起来要骚扰我的时候，我永远都尊重他的选择。因为每个选择都在被自身逻辑驱动，而逻辑是每个人根深蒂固的能力，哪怕是错误的。

而我也将永远对此保持沉默，这也是我的逻辑驱使我做出的选择。

Chapter 1

你是看见了真心，还是只看见了钱？

>> >>

物质论，货币标准，拜金主义。情感的表达需要物化才能体会到对方的情真意切，否则就会陷入负面的臆想和揣测。并且价格越贵，价值越高就越是能体现出情意的轻重程度。到最后甚至上升到物质可以取代人物主体的趋势。通常以这样的物化标准去判断感情关系的亲疏，最终只会让人际关系变得更加悲催。

▶▶▶▶

Mrs.P 的开场吐槽：送礼代表我爱你？红包全是真情意？

◀◀◀◀

我有时候也不知道，为什么每个月都会有那么一些花销是被消耗在人情上。作为一个情商低能儿（我妈说的），我一直坚持着人不犯我，我不犯人的原则。就事论事，不牵扯太多复杂人际关系的生活本身就是一件幸福的事情。

可是我妈偏不，她坚持要我在结婚的时候举行一场盛大的、隆重的、酒菜可以一般，但是桌子一定要够多的婚礼，因为她要把“之前送出去的人情”收回来。

这个人情在这里特指的就是粉红色的 RMB。

但是穿着婚纱，然后在几十张桌子的缝隙之间穿行，你浓妆艳抹在台上走台步，人家在台下嗑瓜子啃鸡爪，可能还会有几个熊孩子留着哈喇子在旁边爬来爬去……恕我直言，我确实体会不到这样做的快乐之处在哪里。

我妈翻了个白眼："你不懂，这个快乐要到你数红包的时候才能体会得到。"

啥?

我至今没办婚礼，甚至没有拍婚纱照，这是我妈嘴里我"智障"的原罪之一，因为我让她亏大了。

但是不知道从什么时候开始，我所遭遇的所有的人际关系都离不开两个字：送礼。

朋友结婚，送！长辈生日，送！领导高升，送！

就连我隔壁老张家阿姨的儿子考上了重点初中，为了表达自己的喜悦之情不亚于孩子亲生父母，我还被我妈逼着掏出500元放进一个红包里送出去。说来也是搞笑，钱就是钱，凭什么外面包层红纸它的意义就改变了?

为此，我与我家老太太产生了较为激烈的争论。

"可以不送吗？"

"不行！"

"我和他们家又不熟！"

"做人要讲人情世故。下次你有什么事，人家一样会想着你的。"

“我发誓，下次有什么事坚决不要他们送的红包！”

“不行！你得让人家知道你也为对方高兴啊！”

“我直接去告诉他们我为他们儿子高兴不行吗？”

“你这孩子，怎么说不听？”

你们看，在我妈的逻辑世界里想要表达一种类似替对方高兴的感情，就得用钱。

如果我用其他的方式——比如说我冲进老张家喜气洋洋地唱首《今天是个好日子》，这样的方式是肯定行不通的。

PART 1

第一次来家里居然空着手，真是一点诚意都没有。

（×）

蓝雪高考得了一个不错的分数，刚好可以报名省内一家重点大学。父母很开心，嘱咐她去外地念书的时候要时常和在当地定居的舅父多走动走动。

舅父和舅母两个人独居在这座城市，儿女都在国外工作，两位长辈平时在家清汤寡水地过日子，稍微熟悉点的亲戚都在外地，也没什么人探望。蓝雪将父母的话都放在心里，每个周末都会主动到舅父家里帮忙做做家务，洗衣服，擦地板什么的，尽量减轻长辈们的生活负担。

而蓝雪的大表哥是一名成功的商人，成功就意味着工作繁忙，平时也很少和家里的亲戚来往。那个周末，蓝雪照常来到舅父家里，推开门就见到了衣冠楚楚一脸意气风发的大表哥。原来是大表哥出差过来，受到父母的委托特地抽空来探望舅父。不仅人来了，还带来大包小包的礼物，人参鹿茸，海参鲍鱼，还有些连蓝雪听都没听说过的新鲜玩意儿，满满当当地堆在客厅茶几上，看上去可以说是“相当有诚意”了。

舅母脸上笑开了花，连连夸奖大表哥懂事，孝顺，工作这么忙还记得要过来看望他们。见到大表哥的蓝雪也很开心，蹦蹦跳跳地跑过去和大表哥聊天。许久没见的家人在一起热热闹闹地吃了一顿饭。

酒足饭饱，大表哥起身告辞。蓝雪在厨房里收拾完碗筷走出来就听见舅母在给老家亲戚打电话，说是收到了大表哥的礼物，大表哥孝顺又懂事，还破费买了那么多礼物。不像蓝雪那小丫头，每周都跑过来蹭饭连水果都没有买过，还是年纪太小不懂人情世故啊。

听到舅母的话，蓝雪觉得相当委屈，她家境普通，每个月的生活费都要省了又省才够用，自己平时水果都舍不得买，又哪里有钱买礼物来孝敬长辈呢。

你们看，蓝雪的遭遇就是典型的：“真金才能见诚意。”蓝雪因为家境普通，生活费不多，所以与长辈交往的时候用了时间和劳动来表达自己的心意；而蓝雪的大表哥则不一样，他没有付出太多的时间和劳动成本，而直接选择了货币这样一种方式支付了自己的诚意。

舅母的话也许是无心的，但已经反射出一个事实：在人与人的交往中，人们往往会用货币去计算交换成本，而忽略其他事件的价值。

假如某天，蓝雪出人头地，带着大包小包的礼物去探望舅父，那么是否就代表她是真心想要孝敬长辈，并非只是出于礼貌而不得不来撑撑场面呢。

当然，在目前快速社交流行的氛围下，通过“货币”来量化诚意的确是一件很方便的事，但这样的方便往往会令人产生更多的误会。

让我们来看看下面两件事，再反思一下，自己是否也曾经有过这样的经历。

A

学生：“老师，我们家是做服饰小生意的，这件衣服送给你，祝您教师节快乐！”

老师内心 OS：我平时都穿大牌，最差也至少要是个牌子货。这样的衣服送过来是想打发谁呢？我在你眼里就配穿这个？

其实受到经济大环境的影响，学生家里的服装厂已经半年没怎么出过单了，这次教师节，学生偷偷进到家里的库房，根据自己平时对老师的观察，选择了自己心目中最适合老师的衣服作为教师节礼物，这已经代表了他对老师所有的心意。

B

邻居老人：“这个苹果给你们家小朋友，很好吃的。”

年轻父母内心 OS：“你这苹果上个月来我就看见在这里，我家孩子只吃有机进口水果，你怎么能给小孩子吃这个？”

但他们不知道，一个苹果也许是生活窘迫的老人一直舍不得去吃的东西，而自己的孩子在半个小时前到老人家玩耍，看到了苹果随口就说了一句：这个好不好吃呀？于是老人就记在了心里。

无论是蓝雪，还是后面例子里的学生和老人，他们被人误会的一个关键原因是，几乎没有人会在快速社交关系里去计算对方隐形的付出。当然，遇到这种情况，我们除了觉得被轻视外，可以做出的选择还有很多，也许在仔细思考后，所有的事情都会有个圆满的结束：

蓝雪继续坚持每周过来舅父家中帮助长辈做家务，过年的时候舅母回到老家见人就表扬蓝雪勤快，聪明，帮了自己不少的忙。

老师在家访的时候，明白了学生家境的困难，非常后悔自己当初刻薄的想法，回到学校后为学生申请了困难家庭救济金。

年轻的父母知道了老人独自靠微薄的退休金生活，儿女没有在身边，时常主动带着孩子串门，每周都为老人采买一些新鲜的蔬菜和水果。

所以当我们觉得对方没有诚意的时候，无妨换个角度重新再思考一次。你所看轻的，也许正是对方最珍视的部分。

小黑板课堂

第一讲

人类最大的边界，就是认知的边界。

我们所有人都会犯的一个最常见，也最容易被人忽视的错误：用自己已知的范畴，去判断一个未知的事件。用自己的个人价值观，去判断一件事情的价值。

我们不太容易承认的一件事就是，其实我们并非什么都知道。认知的边界就好像一道无形的壁垒，将你知道的和你不知道的划分为两个不同的空间。如果不努力打破这层壁垒，那么我们都将永远只生活在自己小小的空间内，让错误循环发生。

例子：“他和你结婚连婚礼都不给你办？”

“是呀，我们也不想办婚礼，计划旅行结婚。”

“娶个老婆连婚礼都省啦？太没诚意了吧！”

“……”

突破认知边界，关于可能性空间的逻辑思考。

美国作家弗雷德里克曾经在《认知的边界》一书中提出过，这个世界上许多事件并非和自己主观想象中的一样。我们所看到的事物往往存在多种可能性，由于各自的出发点和角度不同，才产生了最终的结论误差。而我们从自己角度出发得出的结论，往往是和自己的主观世界有着严密的因果关系的。

假设我们的认知是L，而事物的可能性空间是A，那么第一个可能性是A里包含有L，第二个可能性是A里包含了部分L，第三个可能性是A和L是两个完全不相干的参数，互不影响。

也许会有人发问，A=L的可能性有多大呢？我们继续思考下去，假设你的认知是L，第二个人的认知是M，第三个人的认知是P。

我们都知道一个人的认知是从出生开始直到认知产生的那一刻所经历的选择和得到的结果组成的，既然这个世界上没有经历完全相同的人，那么也就不存在认知完全相同的人。所以我们得到以下结论：

$L \neq M \neq P$

假设一件事物的可能性空间是由以上三个人的认知组成，那么

这个 A 里就一定包含了 L+M+P

由此得出：A $\neq$ L

回到原点：**所有通过我们的个人认知产生的结论，都并非事物本身客观存在的结论。用通俗的话解释就是：我们每个人都不是上帝。**

歪理说

你家孩子能得奖是因为你给老师送礼了吧？

Jack 家里的小孩在小学四年级的时候因为成绩优异，被老师选送参加了市里的奥数竞赛。孩子还算争气，一鼓作气就拿下了市里的冠军，下一场就要去省里参加更高阶的竞赛。

孩子获奖的消息传开后，Jack 家一时间门庭若市，门槛都快被前来取经学习的家长踏平了。

“你们家孩子请家教了吗？”

“没请啊。”

“去报奥数班了吗？”

“就是学校里的兴趣小组啊，和大家上的班是一样的吧。”

“哎……”那家长停了一会儿，才吞吞吐吐地问：“那参加这么个竞赛，要给老师送多少礼啊？”

Jack 一时语塞：“我没送过礼啊。”

“没事，这些事我又不会出去乱说，我们是重点学校，学校里成绩好的孩子那么多，为啥就选了你家的孩子去啊？”家长露出一副“我懂的”的表情来。

“我真没送过礼！”

一周以后，更离谱的谣言在家长群里散开了。

家长 A：“听说你家有教育局的亲戚？”

家长 B：“去年教师节给数学老师送 LV 包的人是不是你来着？你说今年送点啥好啊，我都不知道怎么选。”

家长 C：“我说这位家长，送礼这种风气被带动起来了真的不好，让我们这些送不起礼的孩子怎么办哇？老师还会管吗？”

Jack 有点绝望：“我真的没送过礼，我家孩子凭自己本事参加的竞赛，我送啥礼？”

恋爱双方见父母一定要送很贵重的礼物吗？

在英国念书的柠檬暑假回国旅行，碰巧路过了男友 Sim 的老家，在男友的要求下柠檬特地在 Sim 的老家待了一两日，算是见识下当地的风土人情。但没想到的是，Sim 直接将柠檬领回了家和父母吃顿便饭。情急之下，柠檬在附近的蛋糕店买了几盒甜品和水果登门拜访。不想却被男友的父母打了负分，理由是：她居然提着蛋糕和水果就来了，见家长当是串门呢，儿子，你说这姑娘是不是瞧不上咱们家啊。

柠檬感到诧异，先不说自己和 Sim 还没有到要谈婚论嫁的那一步，顺路看看对方的父母赠送蛋糕和水果都是普通的礼品，为何又不得体了？

“那是因为我大学里的哥们过来旅游第一次登门拜访就大包小包的，你这蛋糕和水果显得也太单薄了。”Sim 解释道。

“听说什么叫礼轻情意重吗？”

“我知道你的意思，那我爸妈不是有对比了嘛，上次收到大礼，这次收水果，换谁都会有想法呀。”

“但是用礼品的价格来衡量一个人的情谊，这对我是不公平的呀！”

这次是你老板的老板的老板过生日，礼送少了人家肯定看不上的！

小明被公司派遣去总部学习，恰逢公司总部的老板过生日，请总部的所有人去自己家的别墅开派对，小明有幸也在邀请之列。

所有人都沉浸在终于可以去老板豪宅看看老板娘是否和传言中一样美艳不可方物的八卦中，唯独小明陷入了困扰，因为他不知道应该送什么礼物给老板的老板的老板做生日贺礼。

同事A：“你送什么礼物呀，这是公司活动。”

同事B：“就是，你就当是个公司福利，老板生日刚巧给咱们撞见了而已。”

小明连连摇头：“不行不行，过生日人家请你了就一定要送礼呀，而且还不能送什么小礼，送小了老板也会看不上的。”

同事C：“你们那个城市的风俗都这么奇怪吗？咱们是民营企业，不讲究这些。”

小明：“这是我们那边的礼貌，你懂吗？”

PART 2

生日男朋友只送了个蛋糕，他肯定是不爱我了！（×）

我的闺蜜茉莉最近在和男友闹分手，原因令人哭笑不得：“我觉得他肯定是不爱我了。”

这事儿要从两个月前我们共同的朋友小雯过生日说起。小雯的男友是从事时尚行业的资深 PR，平时对于女生穿的用的东西都相当敏感。女友过生日，他理所当然地就送上了令所有女生都会尖叫的阿玛尼彩妆大礼包。收到礼物的小雯开心得快飞起来，女孩子嘛，收到礼物就会火速拍照发朋友圈，并收获了一众亲友的好评。

茉莉也是个大美女，她将小雯的朋友圈截图发给了男友：“你看这是小雯的生日礼物！我的生日也快到了，你有准备没？”男友正在加班，收到女友的信息只知道应该习惯性地连连赞同，否则就会死得很惨：“有的有的，你放心我早就给你准备好啦！”

但茉莉的男朋友呢，恰好是我们口中那种赚着5万月薪活得像薪水只有5000的直男程序员。他懂彩妆吗？不懂！他可能都弄不清楚茉莉发过来的截图那几个盒子里到底是眼影还是腮红，更搞不清楚买这么一套化妆品到底要花掉尾数是几个零的金钱。虽然那些钱对一个直男程序员来说并不意味着什么，以至于他更加也不可能知道这些个黑色的盒子对女友来说意味着什么。

过了一个多月，茉莉生日的时候，程序员男友费尽心思送了一个大大的蛋糕，包含了榴梿，草莓，杧果三种口味，都是茉莉平时爱吃的。理由是：“你最近太瘦了，要吃胖点身体才会好。你看我从来都不介意你会长胖，因为你是我最爱的人啊。”

我们当时在现场的群众都纷纷惊叹：这真是神一般的操作，根本就是出人意料啊！

生日会过后，茉莉大发雷霆，别人过生日都能收到大礼，为什么自己只能收到一个蛋糕！

程序员男友一脸蒙：“过生日收蛋糕有什么不对吗？”

茉莉：“你一点都不上心，我朋友都笑我了！谁要你的蛋糕啊！还说要我长胖？分手吧！”

程序员男友：“我到底做错了什么？”

都说女人是被情绪控制的动物，这样说其实是没错的。显然，茉莉更像是一个没长大的孩子，她的逻辑里还存在着“她都有，为什么我没有？”“我想要这个，你不给我，你是不是不爱我了？”因为你没有做这件事，所以你一定是怎样的——这个逻辑，其实是一个被低成本误判的逻辑。而这样的逻辑在我们日常生活中也相当常见。

A

小白出差一周回来，女友劈头盖脸地问：“我的礼物呢？”

“一直开会，没时间逛街啊。”

“你都出去一周了，没带礼物回来还用没时间做借口？”女友不依不饶。

“我真的一直在开会，睡觉的时间都快没了。”小白委屈巴巴地说。

“那你还有时间吃饭呢？对我不上心就不要乱找借口好吗？我拜托你还是偶尔想一下我，我都感觉不到你对我的爱了。”

小白：“冤枉啊……”

其实小白去参加的是一个项目方案封闭会议，一连好几天大家都待在一个酒店里制定工作计划，他连洗澡时间都没有，又怎么会有时间去逛街买礼物。

B

“老公，你手里拿的是什么？”

“我妈让我给她买件毛衣，我刚收到快递。”

“我去年就让你给我买的那个包呢？”

“我打算在结婚纪念日买给你。”

“你为什么不等你妈的结婚纪念日再送给她？你妈是不是比你老婆还重要？”

“老婆大人明鉴啊……”

其实母亲要的毛衣只是一件价值不到50元的普通衣物，是随时都可以买的。而老婆要的包包则是标价上万的奢侈品，这位无辜的丈夫表示自己是打算先存一段时间钱再去买回来，不想却被老婆颠倒黑白了。

你看，在上面几个案例中，几乎每个人都通过对一件单线程事件的判断，最终得出了一个斩钉截铁的结论。确实，低成本判断的逻辑思维在我们日常生活中为我们省去了大量思考的时间，因为怎样，所以怎样，是个很简单的逻辑，也是大家都容易犯错的原因。

换个更科学的角度，我们人类与黑猩猩的基因链组合差距大约只有不到2%，也就恰好这不到2%的差异化，让我们和动物之间有了不可逾越的种族优势。你会通过自己身体内剩余那98%的基因，单线程地去判断自己是一个大猩猩吗。

我们是复杂的人类，有美好的一面，同时也摆脱不了生活带来的阴暗。所以你在地球上永远都不可能找到一个绝对的好人，也找不到一个绝对的坏人。

在遇到这样的问题时，我们也许可以通过多线程思考的方式来帮助理清思绪：

线程一：这件是事情是高频率发生还是偶发的？

在茉莉这件事情上，男友没有准备礼物只准备了蛋糕其实是一件低频率事件。茉莉想了想，上个月男友还给她买了一条她喜欢的项链，作为恋爱一周年的礼物呢。所以并非是不爱她，只是对爱的表达方式和自己所期望的不太吻合。

线程二：这件事情的隐性价值你已经完全了解了吗？

一个生日蛋糕也许就几百块钱，但是茉莉后来才弄清楚，一个普通的生日蛋糕是很简单，但是男友是特地抽时间去蛋糕店跟师傅学习做蛋糕，然后亲手将自己做好的成品送给了女友，这样的心意不是每个男生都会有的。

线程三：对方是否已经明白了你的所有需求，然后做出了这样的选择？

茉莉掏出手机翻回聊天记录，发现自己当时的确只是发了图片和问了男友有没有准备。也并没有直接告诉男友，自己也想要一套彩妆作为生日礼物。所以自己的程序员男友可能根本就不明白自己的需求在哪里。

由此我们学会了一个道理：下次你的男朋友没有做到你需要的那部分，直接告诉他就好了。

小黑板课堂

第二讲

单线程结论。

英国科学家培根说过："经由正当研究方法的过程才能得到科学的结论。"

我们对于一个事物的判断，是需要通过多方的观察、测试、实践、经历最后才能得到科学的答案。所谓单线程结论是指，通过唯一的一个线索，跳过所有的观察、测试、实践、经历，而直接得出一个答案。

例如：一个20多岁的大美女开着一辆敞篷车路过。

路人甲："你看，这女的一定是被包养了！"

路人乙："长得好看还穿得这么少，是二奶吧！"

美女听到了路人的对话，停下车来破口大骂："你们才被包养了，你们才是二奶，老娘前几年买了不少比特币！”

人类最大的优势是绝对的思维控制能力。

作为一个高级动物最舒服的活法莫过于不用脑子或者随便决定了。仔细想想，大部分人在生活中是否都出现过随随便便就下结论的情况呢。当我们遇到一件事，又不想冷静下来仔细思考的时候，我们通常就会随意地说：“这个大概是怎样怎样的吧。因为怎样怎样啊……”大部分人还会从不同途径再次进行自我心里暗示，让自己承认这个结论的准确性。

不过从客观的角度来说，单线程结论虽然省事，却会带来很多错误的信息。

我们其实都知道人类认知存在一个边界的问题，除了认知的边界，在我们的认知范围内就是否完全不存在问题了？在实验室里，你递给实验动物一份食物，它们就会吃掉。你发出一个简单的指令，它们就会按照指令去完成预先规定的动作，这就是单线程思维。在人类社会，当你得到一份食物，我们还需要思考这个食物是否新鲜、味道如何、所含的热量会不会让自己长胖、自己为什么会得到食物、这份食物的营养成分对自己是否有益处等。

你看，动物和高级动物之间的区别就是这样的明显。

人类的本能就懂得要去多线程地思考，并且可以控制自己的思维能力。而那些我们在某些情况下并没有去多线程思考的根本原因，就要去问问心理学家如何控制我们冲动的性格了。

歪理说

你送了前台妹子口红了，是因为你在追求她。

Mike 被公司外派去美国出差了几个月，回来的时候带着大包小包的战利品出现在办公室。带给同事 A 的意面，给同事 B 的薯片，还有同事 C 的糖果，最后 Mike 送给前台妹子一只口红。

然后世界就炸开锅了。

“为什么给我们带吃的，但是送她口红，你说你是不是对她有意思？”

“我早就知道 Mike 对我们前台妹子心怀不轨了，没想到你这么快就按捺不住展开行动了。”

“同事一场，我早看穿你了，什么时候追到手，记得要公开哦！”

同事们七嘴八舌完全没有要放过 Mike 的意思。

在一旁的 Mike 根本插不上话，一脸蒙：“零食不是你们让我带的吗？我给妹子买口红是因为她说想要一只口红做礼物啊。”

“你不追求一个女孩子，何必在乎对方想要什么呢？还送人家口红。”

Mike：“我这是作了什么孽……”

聘礼大小是你娶我的诚意，太少会被人笑话！

天涯最近和女友商量婚事，因为刚买了房，手里不是很宽裕，就希望给女方父母的聘礼可以少一些。没想到天涯刚开口就遭到女友的强烈反击，两个字：不行！

天涯："为什么不行？聘礼只是走个过场，最后还是归我们的小家呀！"

女友："我闺蜜结婚男方家里都出十几二十万的聘礼，你出这么一点我会被人笑话的。"

天涯："自己家里过日子为什么别人会笑话你？就因为聘礼少吗？那家里比咱们还没条件的人不是就得单身一辈子了？"

女友："你说的我都明白，但是聘礼你家才出五万，别人会笑我不值钱的。"

天涯："你们家又不卖女儿，我结婚也不是买老婆，两个人你情我愿的有什么值不值钱的，这事儿根本轮不到别人去说。"

女友："不行就不行，聘礼的多少就是你娶我的诚意！平时甜言蜜语说爱我，怎么牵扯到金钱你就不爱我了呢？"

天涯："我怎么就不爱你了？"

PART 3

闺蜜来不了宴会，不过收到红包了。（×）

这个世界上，有一部分人的问题，是可以单纯通过金钱去解决的。他们常常会说："哎，没有红包解决不了的事，如果有，那就发两个。"

做错事，发个红包解决；麻烦了别人，也发个红包解决；有什么争执，发个红包；想表达对朋友的热情，发个红包。甚至，你在追求一个女孩子的时候，对方都会抱怨你的红包为什么是52.0而不是520，她都不好意思截图发朋友圈了啊。

思雨在半年前参加了闺蜜的婚礼，并附赠了一个大大的红包。

现在接近年底了，她也要准备筹备自己的婚礼，而思雨所做的第一件事情就是把自己曾经送过红包的朋友名单列出来，一个一个地邀请他们来参加自己的婚礼，因为她要把送出去的红包都“回本”。

很快思雨就接到了闺蜜的电话，原来闺蜜早在三个月前就定好了去夏威夷的机票，刚好自己计划旅行的时间就是思雨结婚的时间。

“真的来不了啦，机票不给改签，酒店也付过钱了，好大一笔我想退都退不了。”闺蜜在电话里表示歉意。

挂掉电话的思雨很生气，因为她觉得自己都去参加了闺蜜的婚礼，而轮到自己结婚的时候却被闺蜜放了鸽子，无论对方是不是情有可原，在自己眼里都是心存芥蒂的。

于是思雨开始渐渐疏远对方，不接对方电话，微信上聊天也爱理不理的，平时见到了也阴阳怪气没有往常那样的热情了。直到婚礼的前一周，闺蜜通过微信转来了一笔数目不菲的大红包，并问她：“亲爱的，你不会还在生气吧？我是真的没想到你会在年底结婚，不然我怎么都不会安排出去旅行的。”

思雨收下红包，心里的火突然灭了大半，她笑嘻嘻地发了条语音过去：“我怎么会生你的气呢，我们是最好的朋友呀。只是你来不了我的婚礼，我觉得很遗憾。”

那语气假得令人发指。

但这个案例里的思雨是个财迷吗？并非如此，不仅不是财迷，思雨还是她所在城市的义工小组负责人。每次逢年过节，思雨都会组织一帮义工小伙伴为收容所的流浪汉们送棉被送衣物，她自己用来做善事的金钱并不会比其他人少。

思雨之所以会因为红包而“原谅”不来参加婚礼的闺蜜，是因为她习惯性地将自己的社交成本进行了量化。你结婚，我送你红包，是一种人情的投资。那么等到下次，我结婚的时候，你突然说不来参加，这就是一个投资失败的信号。

中国到目前为止，依然是一个严格的量入为出的人情社会。所谓人情，就一定会包含你来我往的交易，而衡量交易最简单的方式依然是货币。

这个现象不仅是在老年一代，在我们年轻一代中依然会有这样的情况发生。

做建筑工程的李夏可长年在外地工地上驻守，一个月只有一两天的时间回家陪陪老婆孩子。照理说夫妻已经结婚，就不用再分彼此。但李夏可的夫人可不这么想。

“你这个周末不回来了吗？”

“回不来了，工地有事。”

“发个红包，认错。”

然后李夏可就发过去一个大大的红包表达自己工作繁忙忽略了家庭的歉意，这样的“认错红包”，李夏可每个月大概要发十来个。李夏可会觉得自己被夫人敲诈了吗？不会。因为他本身也是认可这种通过货币去解决问题的手段——既然尽不到做丈夫、父亲的责任就花钱补偿呗，这样更简单不是吗。

又例如，我们时常会看到一些社会新闻。某市司机交通肇事，不小心撞伤了老人。那么这个新闻下面的评论会出现一片统一的呼声："赔死他，叫他赔钱，赔到破产。"这就是用货币解决问题的逻辑之一。

在 2017 年有一个著名的交通肇事案，受害者最终伤重不治。而受害者家属在网络上发声，通过法律、舆论等他们能够想到的一切办法将肇事司机曝光，最终也只为了一件事："因为他们家没有把应该赔偿的钱给我们，居然还想抵赖不付钱！"然而，在舆论上几乎所有的人都支持了家属的这个论点——找对方麻烦，是因为对方居然拒绝支付赔偿金。

所以我下面的话也许会显得很"圣母"，但也是事实：获得货币赔偿后，受害者就会起死回生了吗？并不会，但从某方面来说，家属会觉得他们得到了可量化的补偿，并且这个量化的数值是可接受的。那么其他的事情——例如肇事者是否获得了应有的惩罚，我们如何去避免更多人因为交通肇事而受到伤害等等，也就不足为道了。

小黑板课堂

第三讲

货币量化价值。

认为凡事都可以通过货币去解决，没有钱办不到的事，如果有，那就是钱还给得不够多。这就是典型的使用货币去量化价值的一个伪逻辑。但在这个世界上用金钱买不到的东西还是有很多的，例如亲情，真爱，健康。

将所有的人际关系都进行量化本身就是一个神逻辑。

例：小王学习成绩全校倒数第一，但是想进市里的重点中学，小王爸爸准备了十万块钱，想要托关系买一个学位。在小王爸爸眼里，学位是可以用货币进行量化的，如果十万买不到学位，就二十万，二十万买不到用三十万也有可能买得到。

计算在人类情感关系中的本质地位。

人类的情感，是自古以来所有文学家、生物学家、哲学家、心理学家……都想阐述清楚的一个论题。我们在这里可以将情感这个命题下降到一个更简单的角度，情感就是计算机语言中的 0 和 1，而人类则是对情感语言的接收机制和反馈机制的主体。这个主体是有信息通道容量的，容量值取决于个人的认知、生活经验、思维走向。

假设当某件情感关系发生时，主体一号依次反馈出的情感信息分别为：000,001,010,011,100,101,110,111，而主体二号的接收机制选择性接收了：000,001,010。因为这三条信息是最先到达的，而剩下的 011,100,101,110,111 则因为主体的通道容量有限，被丢失或者延迟抵达。这个时候，主体二号只会在第一时间针对 000,001,010 三条信息做出反馈。剩下的没有被及时接收或反馈的信息，我们姑且可以称为主体二号的情感冗余信息，因为它降低了主体之间情感交换的计算效率。但是当这些情感冗余信息累积达到一定程度的时候，对人际关系的沟通是一定会产生影响的。

这就是我们将所有情感关系让计算代替判断的一个本质。数字化的货币价值是我们作为独立的主体能够首先接收到的信号，而其他隐形的情感信息则很容易被判断成为信息交换中的冗余。所谓量出为入的计算里，其实我们丢失的不仅仅是降低沟通效率的无效信息，而冗余信息本身就带有巨大的社交价值。

歪理说

你看隔壁小王又买保健品回来了，真是个孝顺的孩子！

正在医院做内科医生的安小涵周末回父母家的时候又被批评了。

“你看啊，隔壁小王每次回来看父母都是大包大包的保健品，有降血压的，有降血脂的。你就不知道心疼心疼你爸妈，也买点呢？”

“妈，那些保健品都是骗人的，没有用，改善血压血脂的方法就是多吃菜多运动。”

“不管有没有用，人家孩子都有那个心。你连这个心都没有呢？”

安小涵继续不甘示弱地解释：“你看啊，那些保健品买回来，你吃了没用，而且还白花钱了。我不如把钱留着带你出去旅游呢。”

“不管有没有用，你连这个钱都没花，还有资格批评别人花钱做错了事吗？”

我和她分手了，是不是应该给她补偿青春损失费？

小金这天愁眉苦脸地到处找人借钱，不知情的人都纷纷以为是他家里发生了什么事，七嘴八舌地问了半天后才弄明白，原来是小金和恋爱了十年的女友分手，想凑一些分手费给对方。

“好歹也跟我了十年啊，最好的青春都给我了，补偿一点也是应该的。”

我听完哑然：“可是，你最好的青春不也给了她吗？”

“那不一样，她是女孩子。”

“就算你现在给了她一笔钱，她能够回到十年前吗？”

“不能，但至少也算是补偿啊。”

在后来的对话里，小金反反复复地强调对方是女孩子，自己应该要在这十年里做出一些金钱上的补偿。在小金的逻辑里，他觉得自己亏欠了女方，要弥补，而他能够想到的唯一去弥补对方的方法就是可量化的货币。

PART 4

请吃饭这么便宜，这个年过得越来越没气氛了。(×)

小李老家的亲戚人口不多，而且平时居住和工作的地方都比较分散。所以每年过春节，都是大家轮流来请团圆饭的。前年大伯家，去年二伯家，价格也都差不多，12 个亲戚能吃个 3000 多块钱的团圆饭。

今年轮到小李家请客了。但是小李家的家庭情况比较特殊，他父亲早逝，家里失去了劳动力，全靠母亲一个人打散工供他到大学毕业。小李刚刚开始工作没多久手里也不够宽裕，于是这一年小李就换了一个更经济实惠的馆子，但菜色也还算不错，有菜有肉也有酒，和往年的菜色没什么差别。大家热热闹闹地把团圆饭吃完，吃完买单一共花了1800元。

小李买完单，刚走到饭店门口就听到有亲戚在嘀嘀咕咕了：“我们之前几年买单都没低于3000块钱的啊，他怎么买单这么便宜。”

“这个饭店便宜呗，你看之前我们都是去市里最好的五星级酒店吃饭啊。”

“哦，那也难怪了。比我们往年差不多便宜了一半，这个年过得越来越没气氛了。”

小李：“一定要去很贵的地方吃饭，才能吃出团圆的气氛来吗？”

我们在上面的小节已经讲了什么叫作“货币量化价值”，而这里要讲的是在货币对价值进行量化之后，还要努力寻求双方对等的关系。

Daisy临近结婚了才陷入一种“我怕是不应该结这个婚”的焦虑。因为她家里为她准备了一套一百多平米的婚房，而未婚夫小江家里只凑得上一套七十平的房子还是贷款买的。于是Daisy就觉得自己吃亏了，我的房子比他家的值钱，而且还是全款买的。他家七十平的房子，结婚后还要一起还贷款，这个婚是不是结得太不划算了。

所以Daisy在结婚之前提出了，小江家的房子一定要全款购买，然后还一定要再附带一辆价值二十万左右的车。

小江觉得很不可思议：“你是嫁我还是嫁给房子呢？”

Daisy："你知不知道什么叫门当户对，就是结婚我们家出了五百万的房子，你们家只出了个两百万的房子还是贷款的，这样对我公平吗？我可以不介意房子太小，但是你不能让我结婚了还要去还贷款呀！"

最终两个人因为房子的货币价格不同终于在婚礼前夕不欢而散。

我们之所以常常出现"货币对等"的社交要求，是因为货币是一门最容易帮助我们判断的经济学课题。我们在日常社交生活中，为对方付出了 10 元的货币成本，同样也会希望对方回馈我们 10 元的货币价值，如果只回馈了 9.9 元，就会被人认为是在占便宜。

小黑板课堂

第四讲

货币对等价值。

社交成本和社交收入进行绑定，企图寻找货币维度的价值平衡，否则就认为是自己吃亏了。这样的行为就叫作货币对等价值。

例：小明妈妈去小王家做客，带了一斤苹果。第二天，小王妈妈带着一斤梨送到了小明家，当作是回礼。

越是能够被量化的价值，就越趋向于低价值。

你对一件事物的价值之所以可以进行货币量化，正是因为他的价值偏低，更容易被量化到。

用上面小明妈妈送苹果的故事为例，一斤苹果对于小王妈妈来说很容易进行计算，大约等于 12 元。但是如果小王妈妈收到的是一车的苹果或者一个仓库的苹果，小王妈妈的计算成本相对就会增加，而且这种计算价值成本的增加并非是等量增加，而是叠加上升的。在这样的情况下，小王妈妈对苹果的价值无法进行快速的货币量化，因为从主观的角度出发，整个仓库的苹果比一斤苹果的价值更大，价值越高相应地就越不容易被量化到。

所以，平常我们在生活中能够快速去判断货币价值的事物，其实就是倾向于低价值的事物。反之，越是珍贵的事物往往是无价的，所以我们就更加不值得为了一些鸡毛蒜皮的事情去斤斤计较了。

歪理说

你的工资比我少，所以我要和你分手。

L先生对Z小姐说：“我想了一下，决定和你分手，和M在一起。”

Z小姐：“为什么？因为她比我好吗？”

L先生：“其实你也很好，但是你看我一个月能赚3000块，M一个月的工资也是3000块，你一个月工资在2500块，我觉得我们在一起不合适。”

Z：“祝你们幸福！”

上次你给我封了红包，这次我的红包一定会比你的大！

老李家孩子满月，隔壁老王包了2000元红包送去。

第二年，隔壁老王也娶妻生子了，老李为了表示自己的祝福，特意又包了个2500元的红包送回。

第三年，老李二婚了，老王想了想上次老李好像还多包了红包给自己，于是又把那2500元拿出来另外再添了500，凑成了3000元送回去。

最终这两家人都因为过于量化交际成本而陷入了一个死循环，希望到他们孩子结婚的那天，不需要两家人互赠房产吧。

Chapter 2

远离『你之前就 XXX，所以现在为啥不行了？』的奇葩

>> >>

因为有了第一次现象的发生，所以就肯定了之后的必然延续或既定发展。而一旦不符合预期，就会产生质疑或者消极判断。将自己的惯性意识强加在别人身上，理所当然地认为有一就必有二。遇到这种人，千万不要借钱给他！

▶▶▶▶

Mrs.P 的开场吐槽：

第一次帮你可以是人情，但

第二次帮你不是义务。

◀◀◀◀

我曾经有一个年轻的女同事，用上海话来讲就是一个字“嗲”！人美声甜条儿顺，走到哪儿见到男的都叫小哥哥，见的女的都叫小姐姐的那种。但是呢，这位女同事有个毛病，哎不对，有个缺点，那就是甩锅！

她本身是负责一个区域的销售助理，主要工作内容很简单，就是对接客户的销售需求。但是她似乎从来没有明白过自己的本职工作是什么。于是就经常会出现以下情况：

“X 姐，这个东西客户讲的我不是很懂哎！你能不能帮我跟客户解释一下？”

“好的。”

“X 哥，这个软件我不是很会用哎，能不能帮我做一个东西？”

“没问题的妹子。”

一开始大家都用一种“她是新人，需要学习”的心态去帮助她完成工作。但是日子一长，几乎所有销售助理该去做的工作都变成了各位总监、高级经理、项目经理的固定工作。

为什么呢？因为一旦你找到她去处理某个事情，她都会娇滴滴地回答你：“上次这个事情是 XX 姐处理的，这次你也去找她吧。”

这位女同事的下场如何相信大家都能猜得到。

她在工作中最大的问题并不是因为把智商都用去拍马屁，发嗲，导致事情做不好而被辞退，而是把原本属于自己的本职工作都寄托在“别人帮过我一次，就一定会帮我下一次”这样一个诡异的，纯粹靠拼运气的低智商逻辑之上。

反正我长得好看，你帮帮我是应该的嘛。

这件事对你来说很容易，你帮帮我又怎么了呀。

我都低三下四地请你帮忙了啊，你不帮我就太过意不去了呀。

你上次都帮了，这次不帮？

……

就这样，依赖于一次又一次的惯性求助，将一件事情的结果放在了对方对自己的帮助上，如果得不到相应的帮助就陷入懊恼的状态，甚至觉得自己至今为止所有的幸运都是理所当然的。

开什么国际玩笑？这种行为别说是一个妹子，就算是彭于晏和胡歌，我也会很冷静地告诉他们："亲爱的，工资也顺便帮你拿了好不好？"别人帮你一次是友情援手，没有帮一次后面就都要继续帮你的说法和义务。也没有任何一家公司需要一个因为"不愿意学习"所以"不会成长"的员工。这是 HR 铁律之一：你可以什么都不会，但你不能什么都不去学，不去做。

PART 1

今年元旦怎么没有礼品了？去年还发了个钱包呢！（×）

自己出来开公司的老林最近破了一笔财，在整体行业都不景气的情况下，他过新年还给全公司一百多号人每人发了一条某奢侈品牌的围巾！

之所以干出这么傻的事，是因为老林扛不住公司内部员工的舆论压力。临近新年的时候，几乎所有的员工都开始不约而同地发朋友圈：

“哎呀，去年老板大手笔，每个人发了个 GUCCI 的钱包，好期待今年的新年礼物呀！”

“要过年啦，不知道今年年终奖有多少呢。期待公司福利！”

“我们是家有人情味的公司，大家一起努力吧！”

老林看着朋友圈默默地骂自己员工都是傻瓜：去年每人一个GUCCI钱包是因为公司赚了钱，今年行业这么不景气，能发出来你们的工资都不错了！一个两个平时看着都是人精，关键时候心里一点数都没有……

但是负责员工关系的人资经理很快就找上门来了，搓着手兴致勃勃地说：“老板，你看今年的新年礼物预算已经做好了，你什么时候批？”

老林差点跳起来：“我什么时候让你做礼物预算了？”

“新年礼物不是我们公司传统吗？之前都有的呀！”人资经理有些吃惊，“而且老板你看哦，如果不发的话恐怕员工们会有意见的哦。今年的预算我们也压缩了，去年的钱包是人均3000元的，今年的围巾人均算下来不到2000元，真的已经是用很低的预算在做啦。你想啊如果没有礼物肯定是不好的对吧，送便宜货的话那不是更影响士气了吗……”那语气仿若一个尽职的推销员一定要从你的口袋里把钱掏出来，否则誓不罢休。

老林欲哭无泪，发吧，今年确实没有什么利润；不发吧，员工已经把新年礼物当成了公司的传统。不小心替员工养成的一个习惯，实在是令人左右为难。

到故事的最后，老林为了避免董事会上引发各位股东的口舌之争，只能在自己老婆那里申请了一点私房钱，给员工把节日福利给发了。原本以为放下一块大石头，直到清明节的时候他又看到兴致勃勃的人资经理来找他："老板，清明节，你看……"

关于因果关系的阐述，在我们小学语文课程里就已经学过："因为……所以……"，大体来说就是一种简单的发生原因和诱发结果因为"经常连接"而产生的交换关系。因为天气降温了，所以我们要多穿一点。因为肚子饿了，所以我们要进食。但在我们大部分时候，也会不小心将这种最简单的逻辑关系进行利己化。因为你去年都给我买了礼物，所以今年为什么没有？因为你之前对我都很好，所以为什么现在对我不好了。

哲学家休谟曾经在自己的著作《人性论》中曾重新定义过这样的因果关系——"我们无从得知因果之间的关系，只能得知某些事物总是会连接在一起，而这些事物在过去的经验里又是从不曾分开过的。我们并不能看透连接这些事物背后的理性为何，我们只能观察到这些事物的本身，并且发现这些事物总是透过一种经常的连接而被我们在想象中归类。"

例如老林公司的员工，因为：每年新年都会得到公司发的新年礼物，那么他们都会将过去的事物经验化，所以：今年也会有新年礼物。这就是一个典型由于"经常连接"而出现的逻辑上的错误。

同样的情况我们也经常遇到。

例 1

小林妈妈："儿子，你们公司去年春节的时候特别好，还给老人送温暖来着。"

小林："是的，是公司福利呀。"

小林妈妈："怎么今年都快过年了，还没听你说公司有啥东西给我们？"

小林："还不知道今年有没有这个福利呢，话说你老人家的记忆力可真好啊。"

小林妈妈："今年肯定会有的呀，你们那么大个公司，去年都有今年怎么会没有？"

例 2

顾客："上次在你这边买水果，还送了我现金券来的，怎么这次没有了？"

店员："最近店租涨得厉害，赚不到什么钱，所以就取消优惠了。"

顾客："那我不在你这儿买了，之前买都有现金券抵扣，现在又没有了。我看你们就是生意做大了不把客人放在眼里吧？"

店员表情幽怨：“是不是我说什么你都不会相信？”

在科学研究中，我们不仅仅需要追溯一个事物的原因，甚至还需要追溯这个事物原因的原因，如果条件允许，科学家会将这个因果关系的长链一直向上追溯下去，直到找到事物的尽头为止，这才是正确的因果关系论证方法。

例如水果店取消了折扣，顾客的经验连接导致他判断：“以前有，现在没有，你们生意做大了所以取消了。”而真正的因果关系长链则是：优惠取消→利润微薄→铺租上涨→房东欠债需要还钱→其他原因。

所以我们在日常生活中，往往不要只看到一个环节就去快速地凭借着经验去下结论。这样的逻辑判断方式是极度不负责任的。

小黑板课堂

第五讲

经验性节点循环谬论。

在不考虑任何变量因素的基础上，无限制复制经验性节点作为新增未知节点的标准。因为前几次出现了 A，所以导致了 B，在之后的事件当中不自觉地将 A 和 B 进行经验连接，因为有 A，所以结论是 B，这就是经验性节点循环谬论。

例如：大国每次到深圳出差，老同学星星都会热情地招待大国吃饭。后来有一次大国再次出差到深圳，星星刚好忙着加班没有和大国聚会，大国就认为星星是对自己有意见了。因为他之前就请了自己吃饭，这次却没有。

“观念的连接”与“实际的真相”的本质。

所有人类的思考活动都可以分为两种：追求“观念的连接”与“实际的真相”。前者以逻辑、数学、运算等方式为主，而后者则是在现实世界里真正客观存在的。

事实上，在哲学家的眼里，并没有否认因为A，所以结论是B的一个必然关系，而是没有必然关系的情况下，所有的事物依然遵循着一定的规律性。这并不代表在每一次事物节点循环时，都会遵从既定规律。这也是我们在生活中产生经验性节点循环谬论的原因之一。

因为大部分人在总结所有因果关系的结论时，过于依赖了“观念的连接”，我们通过观察和经历不断累积因果关系的大数据，从而在下一次的计算中得出一个循环节点的结论。例如：飞机是目前世界上最安全的交通工具，事故率在万分之零点零二以下，这是我们通过逻辑去判断的一个结论。而实际的情况发生时却始终基于更客观的“实际的真相”，如果有一天飞机出现了事故，那么就是100%的概率，没有为什么。

这就是“观念的连接”和“实际的真相”之间最大的差别。

歪理说

助学就应该帮到底，凭啥你供了高中就不管人家大学了？

自己做了点小生意的季子丹最近在网络上走红了，原因是他对两名捐助了三年的贫困生弃捐。

三年前，一心想做善事回馈社会的小季通过某慈善平台对两名山区的高中生进行了一对一的认捐，认捐范围包括了学杂费和学期内的生活费用。

三年捐助期很快就过去了，就算在生意最不好的时候，小季也从来没有中断过对两名学生的捐助。问题就出在第四年，两位高中生都考上了家附近的大学，还没等小季考虑好是否要承担两人的大学学费，对方的家长就通过慈善平台找上门了。

“你看，我们家的孩子都是通过你的帮助才完成学业的。”

“现在考上大学也是件麻烦事，我们承担不起学费。”

“你好人做到底，反正都已经帮了孩子三年了，为什么不连大学也一起帮了，反正对你来说也不是多少钱。”

小季仔细考虑一下，拒绝了对方续捐的要求：“现在大学都可以申请助学贷款，生活费完全可以靠假期打工，或者申请贫困生补助，你们完全不需要我继续捐助。而且你看你们家孩子，平时在微博上和我沟通都用上 iPhone 了，你们家也并没有那么缺钱。我只想把钱捐给真正上不起学的人。”

被拒绝捐助的两名学生在愤怒之余，将小季断捐的事迹夸大后放到了网络上，“慈善人士拒绝捐助贫困大学生”“因为断捐，两名大学生面临辍学”等等一系列耸人听闻的标题炸开了。一天之内，小季的微博几乎被“水军”攻占，就连家庭住址也被对方暴露了出来。

无奈之下小季更换了手机号，连夜搬家躲风头去了。

在事情过去以后，助学平台的负责人主动找上门道歉：“这件事是我们没有处理好，不然你看看要不要捐助别的学生？”

小季有点生气：“不了，谢谢。”

助学平台的负责人：“哎哟，你都捐助这么多年了，做善事不能停呀，有多少孩子都等着你们发善心才能念得上书。”

小季：“……”

我孩子的工作之前几次都是你介绍的，这次再介绍一个吧。

王阿姨最近比之前都慈祥了一些，每次经过陈林峰门口都会顺手带一两个水果，或者一些小零食给他。这让陈林峰内心很忐忑，不会又是为了她家儿子的事吧。

果不其然，在陈林峰吃了他们家三个苹果两个梨子之后，王阿姨又找上门了：“小陈啊，你小王弟弟最近又没工作了，你看看你朋友那有没有合适的，再帮他介绍一个吧？”

“可是我三个月前才把他介绍到朋友那里去啊，他又辞职了？”

“哎，你别提了，那份工作要他天天出差，回家睡觉的时间都没有。”

“那我半年前给他介绍的那份不用出差的文员工作呢？老板是我哥们儿，要回去的话随时都可以回去上班的。”

“文员都是女孩子做的，哪有男人去做文员，说出去笑死人了。”

“那您看小王弟弟想要啥样的工作啊？”

“你看着办啊，合适他的都行。”

陈林峰：“我真的找不到合适他的了……”

王阿姨：“怎么会呢，你路子广，前几次我一提你第二天就把工作给安排了，再帮忙找找吧，帮帮他。”

陈林峰拉不下面子，只好又求爹爹告奶奶地找到朋友给小王弟弟找了一份工作轻松薪水也过得去的工作，陈林峰心想这回你们总该满意了吧。

事实证明他还是太年轻。

三个月后，王阿姨：“小陈啊……”

陈林峰崩溃：“又换工作了？”

王阿姨：“这回倒是没换工作，你小王弟弟挺喜欢这公司的。”

“哦，那就好。”陈林峰暗暗地松了一口气。

“就是薪水你看能不能跟你朋友说说，让他稍微给涨那么一点。”

“阿姨，这是国企啊！这个薪水也不是我说了能算！”

PART 2

小强是学法律的，他今后就是个律师了。（ × ）

小强在国内一所很有知名度的学校念法学研究生，他希望在毕业以后进一步深造，以后做个在专业领域有所建树的学者。但自从身边人知道自己学的是法学之后，几乎所有人都将他归类为一个单一的品种：律师，而且是可以帮忙解决所有法律问题的那种。

朋友 A：“大律师，我要离婚，帮我看看这个离婚协议要怎么写合适。”

小强：“对不起，我的专业方向是刑事案件，不是民事方向。”

朋友 A：“不都一样吗？”

小强："特别不一样！"

朋友B："大律师，我们公司有个人违约了，你能不能帮我去法院起诉他，我们付你律师费。"

小强："我不是律师，我的领域是理论学术研究，不是替人打官司的那种。"

朋友B："理论不都建立在实践之上吗？你不做律师怎么做研究啊？"

小强表示绝望："因为我研究别人的案例就好了啊。"

时间长了，小强干脆在自己的社交媒体上挂上"我不是律师，打官司别找我"的个人说明。而事实上，小强困境的起源是因为周围的人都犯了一个原理放大的逻辑错误。

首先让我们来定义一下什么叫作原理放大。从思考论的角度出发，原理放大就是将事物中一两个论据薄弱的节点在人性思考层面进行夸大的描述和设想。小强就是个典型的例子，学习法律是一个事物的节点，在被人的思想进行原理放大之后，一个法学研究生就变成了无所不能的大律师。

同样进行了原理放大的情况，大家可以看看身边经常会出现的一些医闹。

因为自己孩子突发先天性疾病，送院抢救后一度进入ICU的赵先生对医院提出了索赔，因为："你们是医生，医生的职责是救人，我孩子刚送来的时候人还是清醒的，现在都进ICU了，这个是你们的责任。”

在赵先生的逻辑里，医生 = 救人，如果医生无法救到这个人，那么这个医生是没有尽到自己责任的。这个逻辑显然是错误的，因为医生并非万能，也并非每一个人都可以救到。在被医院拒绝以后，赵先生情绪失控，将医生办公室的文件家具全部捣毁，最终被行政拘留十五日。

我们基本可以发现，原理放大往往是基于人物通过自身的能力无法去解决一件事情的时候，出现的一种错误的思考。当一个人需要解决一个他无法独自完成的事情，基于方法论，他会选择进行智力扩大，在自己身边寻找可以帮助解决这个问题的人类智力来替自己解决问题。但是我们往往自身并不具备筛选人类智力的完整能力，甚至在表浅的社交关系下，人与人之间薄弱的联系让我们自己都不清楚到底需要怎样的人来帮助解决这个问题。上面新闻里的赵先生，他希望医生能够达到救助自己孩子的目的，但是他所给予期望的医院并没有完成他期望值的能力，因为并不是所有的病都可以治愈。

类似于这样的谬论还有，在生活中乱扔垃圾的人会经常说出：“清洁工就是为了清洁垃圾啊，街上没有垃圾他们就没有存在的意义了。”而丈母娘通常要求女婿要带着房子和车子来娶自己的女儿，因为“男人要先证明自己能养家呀，不养家算是什么男人。”

清洁工就一定要清洁垃圾，是个男人就一定要养家，因为你是什么，所以你就一定要做到什么，而这件事情产生的所有的责任都应该是你的责任。

晨晨在结婚后一个月就开始遭遇到婆婆疯狂的催生。

“你年轻就要早点生孩子比较好。”

“可是我还想再工作几年，积累积累工作经验呢。”

“哎哟，你都嫁人了，我们又不靠你养家，赶紧生个孩子才是正经事。”

“我们都还没有做好生孩子的准备呀。”

“你没做好准备那结什么婚呀，结完婚就应该生孩子。”

晨晨满腔委屈：“但是我结婚是因为爱情，并不代表我就是想给你们家传宗接代呀！”

在这个案例里，晨晨的婆婆犯了一个典型的原理放大错误，她认为晨晨既然和自己儿子结婚了，那么就一定要给自己家生个孩子。而事实上晨晨结婚只是因为想要结婚，而并非想要生孩子。结婚和生孩子之间虽然有一定的承接关联，但事实上是两件完全独立区分开的事情，不结婚的人也可以生孩子，结了婚的人也可以选择丁克一辈子。

这就衍生出了我们这一节想要阐述的一个课题：在思考中无限放大的脆弱杠杆理论。

小黑板课堂

第六讲

脆弱的杠杆理论。

在事件中找到一个脆弱的支点，来撬起一个沉重的期望值。我们知道，一个事件的发生往往存在一个核心的节点，一旦这个核心节点是成立的，那么事件的发展会随着核心不断地变化，甚至扩大。像是石子在水面投下一个漩涡，石子就是核心，而不断变化未知的涟漪就是事件的发展，虽然按照一定的轨迹进行扩大，但是每一条波纹的走向其实都是随机并不固定的。但这个节点在不同的事件当中也有可能是重复的，甚至只是相似而已。

我们在判断一件事情的时候，发现一个质量很轻的石子，就打算撬起与石子质量并不吻合的更重大的结论，这就叫脆弱的杠杆理论。

例如：总裁先生需要一个负责全国大数据的副总裁，他找到了在其他公司做过销售支撑的员工Z老师，因为大家都说Z老师做过大数据，所以他一定能做副总裁。

“原理放大”是自欺欺人的心理暗示。

我们在为了完成某个目标时，往往会存在无数种需要寻找“其他智力”的混乱状态。而这种寻找的状态往往是艰辛的，因为在有限的时间内人与人之间的理解不可能完全达到一个“彻底了解”的程度，这就意味着我们在寻找“其他智力”的时候，会将观察对象的能力筛选出几个核心的节点进行分析和判断。例如当我们完成一个目标，需要ABC三项“其他智力”，其中AB是附属要求，C是核心要求，我们选中一个观察的人物，发现他具备了C这一项能力，于是就在思考时进行原理放大，模糊判断对方已经具备了为自己达到目标的其他智力了。

这算是一种自欺欺人的心理暗示，这样的暗示在日常生活中也经常出现在企业员工晋升当中，具体可以表现为谁和老板聊得来，谁就升值更快，已是一种普遍的现象。各位企业主在其他智力寻找中的一种原理放大暗示——我需要找一个什么样的人才，刚好和你聊天发现你貌似也会这么一点，然后老板们一拍大腿，这个位置你来坐了，你这么了解这件事情肯定可以独当一面了。

歪理说

你是音乐学院毕业的，你就是万能的！

朋友在城南开了一家酒吧，因为临时找不到驻场歌手，所以就想到了在音乐学校教钢琴的小果。因为小果是音乐学院钢琴系毕业的，会弹钢琴的人，唱歌一定不会差。但偏偏小果钢琴弹得很好，唱歌却总是跑调。

“这么一点小忙都不肯帮我啊。”朋友气急败坏地抱怨。

“我真的不会唱歌。”小果努力解释道。

“你音乐学院毕业的哎，钢琴弹了十几年，不会唱歌谁信啊？”

“钢琴弹得好就一定要会唱歌吗？”

“你是学音乐的啊，这是你的专业，你看电视上那些歌手不都是一边弹琴一边唱歌的？真是白学了十几年的钢琴啊。”

第二天，刚刚从朋友那逃出来的小果还没缓过气来又被母亲拉到了退休单位的小礼堂。

母亲：“我们单位要组织参加市里的文艺汇演，你给排练一下吧？”

小果：“文艺汇演你们不是应该去找专业的舞蹈老师帮你们编舞吗？”

母亲："哪里有那么多钱请老师啊，叔叔阿姨都说你是学音乐的，让你来帮帮忙。你看怎么给他们弄个好看的舞蹈呗？"

小果："你们怎么都觉得学个音乐就是万能的了呢？这是你们的幻觉啊！"

你从小练体育的？太好了，这次城市马拉松的拉练，一定要拿冠军哦，比心！

朱玉从小底子很好，身高也不错，所以从中学开始就被学校的体育老师拉去练游泳和篮球，大学的时候也参加了校篮球队，成绩相当不错。

体育好也是朱玉引以为傲的特长了，出来工作以后跟同事聚会没有少提起自己曾经的光辉时代。直到朱玉所在的公司报名了城市马拉松冠名活动，需要在内部凑齐一定的人数去参加马拉松竞赛。同事们默契地推荐了朱玉。

"他从小就练体育的，跑个步算啥？"

"是的，我们这种一个月都走不了几步的和体育生没法子比。"

"朱玉，我们公司能不能拿奖就全看你啦，我带妹子给你加油！"

朱玉低头看了看自己因为疏于锻炼，而隐藏在衬衫里面的大肚腩："你们是不是约好故意要玩我的？跑马拉松哪有那么简单啊！"

妹子："你可以的，给你比小心心。"

朱玉：“……”

你是程序员吗？帮我做个网站吧！

在某公司做研发中心CTO的老黄遇到一个卖水果的亲戚问他：“你是搞技术的吗？你会编程？”

得到肯定答案之后，那个亲戚就说：“那你帮我做个网站吧？要可以把水果的图片放进去，再给点文字描述，然后客户看到想买的话还可以直接购买了。”亲戚兴致勃勃地说道：“就跟淘宝那样的，要求不高，你做成一样的就好！”

“可我的研发方向不是做网站啊！”老黄努力解释，“而且淘宝也不是那么简单的啊！”

“哟，你连手机上的APP都懂怎么开发，做个网站不是轻而易举的吗？”亲戚不满地说道，“我给你钱可以了吧！”

老黄：“这是钱的问题吗？”

PART 3

这种抢劫犯抓到就该立刻枪毙，不然下次还会再犯的！

（×）

这个世界上总会有那么一群人，乐此不疲地出现在新闻或微博的评论区，用自己的键盘做一个勇士，替所有他们看不顺眼的人判刑。比如一个拦路抢劫伤人的新闻，下面一定出现一大群人情绪激动地开喷——

“这种人，直接死刑不就好了吗，免得再出来害人！”

“麻烦死刑，谢谢。”

“立即枪毙，判坐牢以后出来也是危害社会啊！”

仿佛因为他们站在正义的那一方，就可以毫无顾忌地践踏另一个人的尊严，剥夺独立个体为自己申辩的自由，随意使用语言暴力去蹂躏，这样就会显得他们是对的。甚至每当有不一样的声音出现时，都会被他们冠以水军的称号，一起被判处了死刑。

有这样想法的人，大多是长时间处于一种低认知状态的人群。一个人的低认知意味着他长时间处于一种生活局限，信息通道闭塞，没有任何安全感，缺乏被社会认可的氛围里。

这样的人不仅仅是活在网络中，同时也出现在我们身边。

丸子异地恋的男朋友扛不住家人的压力和相亲对象见了一面，丸子知道以后哭哭啼啼地和男友闹分手。无论男友怎么认错挽留，丸子都坚决地和对方分开了。身边的朋友说："他对你真的很好呀，为什么不给他一个改正错误的机会呢？"丸子很坚决地回答："这种错误，犯了一次肯定还会有下一次，这次去吃饭，那下次是不是要去开房了？"

朋友："但是吃个饭并不代表会去开房啊？你跟异性吃个饭你就去开房了？"

丸子："你太不了解男人了，他们能犯一个小错，绝对会接着错下去的。出一次轨，就会一辈子都出轨。"

另一个例子是十二岁的小安，平常的时候小安每天早上都会从家里拿十块钱出门自己买早餐。但那个月，小安的父母都出差了，他住进了爷爷奶奶家。小安以为在爷爷奶奶家里也是这样自己拿钱买早餐，所以就理所当然地从餐桌的那堆零钱里拿走了十元钱。

但是那叠零钱是小安奶奶留给爷爷去买菜用的。老人发现桌子上的钱少了，得知是小安拿走的以后，就不分青红皂白地就开始教训孩子："你现在怎么都会偷钱了啊？长大以后是不是还要去抢劫啊？你现在不学好，以后怎么办？"

邻居在旁劝说："孩子不懂事，也不是故意要拿你们的钱，这次就算了吧。"

老人却还是不依不饶："我告诉你，孩子如果现在都不学好以后肯定会变坏的。你看那些警察抓起来的坏人，哪个不是从小就开始学坏的呢？"

邻居："花了你几块钱而已，这也叫学坏了？"

上面两个例子里，丸子和小安的爷爷奶奶都在逻辑上犯了同样的一个错误——错误强化。

看到一个小小的错误，就会放大成一个更大的后果。看到一个人抢了钱，就觉得如果他不被判死刑以后就会杀人。看到男友和别人出去吃饭，就觉得男友以后一定会出轨，还不如趁早分手。他们从来没有想过，这个世界上没有任何人是不会犯错的，因为一点小错就判处对方死刑，这其实就是主观层面上的滥杀无辜了。

这种在自我意识中不断浇灌放大的情绪，有时候也真是令人无从申辩。

小黑板课堂

第七讲

缺陷的放大镜。

你看到了某人犯了一个错误，就会将他的问题无限放大，直到触碰到自己的安全阀值为止。普通人在看到一件事情发生的时候，通常会不自觉地进行自我代入，俗称自己吓自己。看到抢劫有人受伤，就觉得自己受伤了好气哦，要把罪犯千刀万剐才能解恨。这其实是一种人性放大镜的效应。

举个例子：HR 主管小刚在面试一个职位的时候，看到一位年轻人随手丢了个垃圾，小刚认为这个年轻人相当没有素质，如果招聘进来还会拉低整个公司员工的素质水平，所以就拒绝给对方出 offer。

你的极端判断不过是因为同理心放大了感受。

所谓同理心，源自希腊单词 Empatheia，意为：神入。美国心理学家铁钦纳认为同理心源自身体上模仿他人的痛苦，从而引发相同的痛苦感受。在我们中文里，有一个词语来形容这样的现象：感同身受。

人们之所以会对事件产生同理心，是因为人类的感受往往会大于事件的真相。例如当我们看到一个人在吃重庆的麻辣小面，麻辣小面是客观存在的事实，而我们感受到这个面一定相当好吃，我们垂涎欲滴，蠢蠢欲动地也想要吃上一碗，就是被放大的感受。

在感受被放大的基础上，我们更容易出现的是极端判断——因为觉得面很好吃，所以一下就点了两碗，结果就是自己根本吃不完。

在这一节的案例里，我们对一些比较糟糕的事情产生了同理心的效应，我们接收到了大于客观事实的一种感受，再反射出一种更极端的判断，这不过是因为我们的潜意识认为同样糟糕的事情也会发生在自己的身上，所以一定要反抗和避免罢了。

再来换个角度，我们在看抗日剧的时候，手撕鬼子这样的桥段为什么总是能令人大快人心？而当我们开始了解英法和德国之间的战争史时，我们却并不觉得谁输谁赢有多么重要，法国被德国按着打得抬不起头，我们也不会有多生气。

虽然从技术的角度来讲，战争时期枪杀对方是没有任何问题的，毕竟战场上只有输赢，每个人都在为自己的政权和国家厮杀，并没有对错的分别。但是我们是中国人，我们更容易对过去的历史产生同理心——日本人曾经侵略过我们，所以我们看到日本人被刺杀会觉得这是对方应有的下场，觉得无限泄愤。而我们并非英、法、德国人，所以人家打仗谁死谁伤，对我们来说无法产生更强烈的同理心效应，因为我们是更加中立的第三方。

同理心导致的感受放大是可以做到无限、跨越时间、穿越群体的，中日战争已经结束多年，直到现在我们很多人依然在被同理心放大的感受所影响着。

“嘿，你看那边有个日本人……”

“你去日本了？日本人的地方你去干吗？”

歪理说

超模走台步摔跤了，她就是业界耻辱！

著名的超模X小姐，在走一场国际秀的时候不小心摔跤了。本来是一件挺正常的事，毕竟在T台上摔跤的超模还挺多的，但她摔跤的原因是因为犯了一个错，这个错误和她的不专业有关。那么从逻辑上来讲，我们即使要批评也是批评对方的工作态度和专业度不够。但随着舆论的不断扩大，批评的声音已经涉及了对X小姐的人身攻击，我们可以来看看以下言论：

“这就是超模界的耻辱，是垃圾！”

“麻烦退出模特界，混娱乐圈就好了嘛。”

“不站起来要看她一直趴在台上吗？”

“而且长得真的好丑啊，没有一点气质。”

这就是因为一个缺点而诱发的错误强化了。

大国期末考试成绩倒数第一，他是全年级最差劲的学生。

大国的学习成绩不好众所周知，期末考试又很稳当地拿了个全年级倒数第一名。大国的父亲拿着成绩单唉声叹气，在家长会上跟老师道歉：“是我没教好儿子，给班级拖后腿了。”

没想到班主任却一脸温和地说：“大国的成绩虽然不好，但他在其他方面表现很突出呀，比如说乐于助人，对所有人都很友好而且热情，体育成绩也很好，运动会经常跑第一名。”

“但他成绩倒数第一，已经算是年级最差劲的学生了吧。”

“但你不能因为他成绩不好，就觉得他整个人很差劲呀。”班主任连连摇头，“在我眼里，大国只有成绩不好这一个缺点呢。”

“老师你也太护着他了，成绩不好，其他优点还能算什么优点呢。”大国的父亲皱着眉头一巴掌拍在大国的脑袋上，“让你不好好学习。”

大国哭丧着脸：“我对学习真的没什么兴趣，但是我其他方面做得真的很好啊，不然我给你表演一个吹口琴。”

PART 4

看见了也不打招呼，她一定是讨厌我！（×）

Hans 不知道自己什么时候得罪了同公司的佩佩。因为每次上班时间在电梯里遇见了佩佩，对方总是冷着一张脸，不说话也不看他。Hans 觉得有些莫名其妙：我到底哪里得罪你了啊。

这种莫名其妙的情绪在相当一段时间里折磨着他，以至于他会不停地去找其他同事作为倾诉对象："你说为啥佩佩看我不顺眼？"

同事："啊？佩佩有看你不顺眼吗？"

"有啊，她每次见到我都一脸的不屑啊。"

同事："所以佩佩怎么看你一脸的不屑了？"

“我说不出来，但是我知道她肯定很讨厌我。”Hans 懊恼地说，“其实我都不知道到底哪里得罪她了。她在公司比我高一级，下个季度的绩效会不会给我评分很低？”

同事:“绩效不是根据你的KPI来判断的吗？跟佩佩有什么关系。”

Hans：“那是很难说的了……”

下班回家，正好接近春节，小区的保安对每一个进出的业主都会说一声：“新年快乐。”Hans 走过去的时候，保安正好转头去做其他事，所以漏掉了 Hans。

回到家，Hans：“我们楼下的保安是不是有点瞧不起我们？”

室友：“啥？你怎么看出来的？”

Hans：“他跟每一位业主都说了新年快乐，我走过去了他就把头给扭开了。”

室友：“兴许是人家刚好有啥事呢，你别想这么多了。”

Hans：“我看他就是瞧不起我们，知道我们是合租的租客。对租客和对业主的态度当然不一样了。”

室友：“不然你再下去走一次看看他会不会跟你说新年快乐？”

Hans 扭过头拒绝再沟通：“我要投诉他！上次开车出门，他也没有跟我敬礼，是不是嫌弃我开的是宝来，不是宝马？”

室友：“看来你对保安叔叔有相当大的恶意！”

在前面的文章里，我们提出了缺陷放大和单线程判断的论点。

而 Hans 的行为与缺陷放大有部分的相似之处，与单线程判断看似也是接近的。但是单线程判断往往是发生速度极快，大脑潜意识中就做出的反射式思考。

而导致 Hans 这种神叨叨行为的原因是他的预言家言论行为。

预言家言论是通过了多次观察，判断，甚至也进行了推理思考，最后还是进行了不负责的预言行为。从线程上来说，预言家结论也包含了多线程的思考方式。

预言家结论：仅凭自己的观察和偶发的灵感，经过了一番错误的思考后，得到一个事物的起因或结果。

Hans 单凭着佩佩每次在电梯里遇见了却很少对自己笑，所以预言了佩佩相当讨厌自己；又凭着保安没有对自己说新年快乐，而且之前也不对自己敬礼，所以预言保安是在歧视自己是个租客。

但事实上呢?

佩佩在听说 Hans 觉得自己不喜欢他以后，显得相当诧异。因为每天早上她都戴着耳机默背英语单词，就算在电梯里遇到了老板和她打招呼,她一样是没有什么反应的。根本不存在她会讨厌 Hans 一说。

而没对 Hans 说新年快乐的保安，他压根就分不清楚这个小区里谁是业主，谁是租客，又何来单独对 Hans 的歧视。而没有对 Hans 说喜庆的话完全是因为巧合错过罢了。

小黑板课堂

第八讲

从一个极小的事情出发，判断出一个极大的结果。

古代的预言家往往是通过茶叶在滚水中的形态，或者天空的星象来预言某件事情的。而预言家结论是对自己的观察和判断有相当的自信，并且将这种自信放大，以至于可以从一件极小的事情上，判断出一个极大的结果。

例：

小美今天在厕所里呕吐了三次，午饭的时候还不愿意吃肉，所以小美一定是怀孕了。

超市门口每次路过都没什么人，这家超市肯定是亏损的。

小夏每次早餐只吃一碗粥，他的经济是不是出现困难了。

表面现象只是事物本质的折射。

海市蜃楼，是自然环境里一个极美也极罕见的现象，是光线的折射和全反射在云层上投射出折射源的虚像。在古代，秦始皇曾将海市蜃楼当作是蓬莱仙境，派出了八十八对童男童女前往寻找长生不死的仙丹。最后仙境没有找到，仙丹啥的也不太靠谱，他们反而找到了一片贫瘠的岛屿，也就是我们现在称之为日本的地方。

在这个故事里，被光线反射出来的地方就是事物的一个本质，而秦始皇看到的海市蜃楼，是本质折射下的表面现象。秦始皇通过这个表面现象预言了一定有蓬莱仙境的存在，因此他对身体健康的追求最后也就走入了歧途，英年早逝了。

而我们要如何避免被表面现象误导，导致错误的判断呢？除了我们人生经验的积累之外，最重要的一点是每一次下结论之前的反思精神。用逻辑去打败逻辑并非值得提倡的事，但用逻辑推翻错误的逻辑，不妨是一个很好的反复论证的方法。

那什么是反思的方式呢？秦始皇看到了蓬莱仙境的时候，首先他认为是有蓬莱仙境的，然后他就陷入了沉思：

1.我们这个国家有出现过从蓬莱仙境过来的人么？答案是没有。

2.如果我们国家没有出现从蓬莱仙境的人，那会是什么原因呢？

A 蓬莱仙境的人没法过来　B 蓬莱仙境是不存在的

由此，秦始皇最终也许会改变世界上存在蓬莱仙境的预言家结论。

歪理说

你每天下课都那么晚回来，是不是早恋了！

妈妈：“你现在马上要高考了，千万不要谈恋爱，谈恋爱也别怀孕了。”

小红：“最怕家长突如其来的关心。”

妈妈很冷静地算数：“你每晚的补习班是 9 点下课，学校到家里的路程是 15 分钟，你居然每天晚上 10 点半到家，不是和男朋友出去玩还能是什么？”

小红：“晚到家就是有男朋友，然后还会怀孕了吗？”

妈妈：“是的！不然你还能干啥，我都观察你很久了，最近心情好像很不错啊！”

小红：“我回家晚了只是约了同学打了两把游戏而已啊。”

他开的车是宝马，他一定很有钱！

老张：“我们公司最近来了一位土豪同事，开了一辆 X5，你说开宝马的人还上什么班？”

老刘："开宝马为啥不能上班？人家一样要赚钱啊。"

老张："你不懂，我看他那样子笑呵呵的，红光满面，看面相就是特别有钱的那种人，是不是找不到事情做所以随便找份工作呀。"

老刘："请问你说的是坐在最后一排靠近老板办公室那个位置的中年男人吗？"

老张："是的是的，你也注意到他了！"

老刘："那是李师傅，老板新招的司机啊，你居然不认识老板的车？"

Chapter 3

被偏爱的都有恃无恐是一种病

因为有所倚仗而自我膨胀，对自己拥有的事物持有绝对自信，用一种随意甚至于宣泄、糟蹋的方式来对待，最终可能面临质变，消耗掉彼此之间的过往情分，往往带有作死的意味和结果。

▶▶▶▶

Mrs.P 的开场吐槽：

不作死就不会死，不相信的来试试。

◀◀◀◀

我认识这么一位傲娇的白羊座女子，年过35，身高150，已婚已育，拥有一颗永远的少女心。看到这里你会觉得她的状态特别好对不对。孩子可爱，老公深爱，自己还有一颗看上去不怎么成熟的脑袋，但问题恰恰就出在脑袋这里。

我们一群人出去喝酒，她喝多了，并且拒绝打电话给自己的老公，因为："我告诉你们哈，想过来接我的男人都排到香港去了，让我老公在家等着吧！"然后果真电话叫了一名小鲜肉过来替她开车回家，完全没有在 care 我们这群人里有一大半都和她老公关系不错。

又一次聚会 KTV，她毫无疑问地又嗨起来了（白羊座很容易嗨？这个想法是单线程判断，别学），疯狂地骑在一位已婚男人的身上要和对方喝交杯酒，最后那位男士吓得仓皇而逃，从此后见到她都满面通红地绕着路走。

她老公是位温柔绅士的男人，对她可谓是捧在手里怕摔着，含在嘴里又怕化掉。

再绅士难道不会对妻子豪迈的作风有意见吗？当然会有，但架不住彼此多年的夫妻感情，一直没有抓到把柄也只能口头抗议：

“你能不能不要出去玩到这么晚？”

“你能不能少在半夜接别人电话？”

“多在家里陪陪孩子不好吗？”

但这些要求都被这位小姐姐理直气壮地拒绝了：“女人结婚后也是独立的个体，我可以做自己想要做的事，你如果爱我就要支持我独立的精神领域呀！”

“你爱我就应该爱我的全部啊！”

这也算是相当有主见的女权答案了。

最终事发是因为她带了人回家！出差的丈夫突然回家打开门就撞见了现场直播的惨况，立即出门找律师，起诉离婚。之所以需要大费周章地起诉离婚，是因为这位小姐姐哭着闹着不愿意离婚。

“你说过会爱我一辈子的。”

“你说过这辈子我不提离婚你都不会说离婚的，你就是个感情骗子！”

得知他们离婚的消息，大家都长长地舒了口气。这位小姐姐实在是太作了，希望她在离异后可以去补补脑子，就像许茹芸的歌词里唱的，就算别人爱到极度疯狂，爱到无法想象，也总有发现自己脑子进水后清醒过来的那一天。

PART 1

别问了，说了你也不懂！（×）

老李到一线城市的4S店做了十多年的修理总监，本着爱一行干一行的原则，十多年来累积了丰富的经验，名声响亮。认识了多年的老乡找上门来邀请他一起合开修车厂，老乡出资，老李出技术，各占一半的股份。

老李在业界十几年，在当地修车界的地位就相当于是吴亦凡在当今流量明星中的地位一样一样的。所以未免平时被底下的徒弟和客户都宠出毛病来了，他完全没有意识到出资和出技术这两者之间天差地别的差距，虽然合同上是各占一半股份，但是出钱的那位我们通常叫“金主爸爸”，而出技术的那位我们都称之为师傅。

自从创业后，李师傅大部分时间都处于一种极度自信的状态，经常会在话语中表现出“这家工厂里我的技术最好，你们离不开我，因为你们都是傻子”“这家工厂要不是我在这里，你们也就只能给别人洗洗车打打蜡了”的意思来。

而偏偏金主爸爸有一颗爱学习的心，每天逛进车间都要问李师傅一些比较简单的问题。一开始老李还会耐心地解答，时间长了他未免烦躁，就随口一句：“你这个问题问了好多遍了，我说了你也不明白呀。”然后金主爸爸又怂恿年轻的学徒来问，得到的回答也是一样的。

渐渐地，金主爸爸也不怎么提问了，过来修车厂的时间也慢慢变少。一年后，对方拿出一份解约合同，要和老李拆伙。

老李气急败坏地要找对方算账，却被人反驳：“我当初请你是看中你的经验可以帮我带一批熟手出来，结果你什么都埋头自己干，有经验的汽车师傅多的是，你觉得自己的价值又在哪里呢？”

老李这才明白，事情是坏在自己平时对别人的态度上，他在专心做一件事情的时候根本没有耐心去回答别人的问题。在这件事里老李的逻辑是：反正我说了，你也不懂。反之金主的逻辑则是：我不懂，是因为你不愿意说。

在控制论中，我们通常把所不知的区域或系统称为黑箱，比如人们的大脑只能通过信息的输入输出来确定其结构和参数，那么人类的大脑其实就是一个黑箱。而老李的工作状态，我们可以暂且称为输出阻断。有输出阻断状态的人，往往长时间以自我为中心，活在自己的世界里。上文中的老李更像是一块巨大的海绵，不断地吸收周围的信息，但又因为过度的自信，忽略了外部对他的输入请求，所以永远无法反馈出对方想要的信息。

有意思的是，在控制论的“黑箱方法”出现之前，我们中国早已有了黑箱理论的前身，那就是——中医。在没有 X 光 CT 的时代，中医是医者通过望闻问切来判断病人的病症，然后对症下药，这是黑箱的输入。病人在服药后，一天天好转，或病情出现了恶化，这是黑箱的输出。

而因为没有站在对方的角度考虑问题而出现黑箱输出阻断的例子在我们平常和长辈的沟通中也相当常见。

小李春节回家，和家里的远亲长辈一起吃饭。

亲戚 A：“小李，你谈女朋友没有啊？”

小李：“谈不谈都是我自己的事。”

亲戚 A：“关心一下都不行？”

亲戚 B：“小李，你在深圳做什么行业的？”

小李：“我的工作说了你也不懂啊，咱们老家也没有这个行业。”

亲戚 B：“……”

抛开那些心怀不轨又超级八卦一心只想做搅屎棍的亲戚，从客观角度来说，这只是过年聚会一些亲戚之间闲聊的普通话题，有的问题虽然肤浅，但很大程度上是出于长辈对晚辈的关心。

而我们的社会群体，特别是年轻的群体，在过年回家和亲戚“尬聊”的情境下，出现了一种大面积的黑箱阻断现象，这大概是因为双方年龄差距、生活状态差距所产生的代沟，让年轻人很少能够从老年人的角度出发考虑问题。

仔细想一想，就算不是过节回老家，自己是否也经常会对年迈的父母说出那句：“别问啦，反正说了你也不懂”呢？

所以下次我们作为一个人体黑箱，在接收到对方信息输入的时候，不妨冷静下来，仔细想一想对方给出的输入本质是什么，然后给出一个良性的信息输出吧。虽然这个世界上并非每一件事情都存在着意义，但是每一个被提出的问题都一定是有它的意义所在的。

小黑板课堂

第九讲

黑箱理论在人际关系中的动力学。

如果我们每一个大脑都是一个黑箱的话，那么人与人之间的沟通就是黑箱与黑箱之间的沟通。这样的过程是动态的，甚至可以算是一种虚拟动力学。例如黑箱 A 给出一条有力度的信息输入，黑箱 B 接收到了，并反馈出一条相同力度的信息输出，依次循环，那么在 A 和 B 之间就会出现一个良性的力度均衡状态。这也是人与人沟通的关键钥匙，我们一定要对沟通有良性的回应。

例子：小明因为一些原因请朋友小王在合理范围内帮忙，小王得到信息以后顺利完成了小明的请求。一周以后，小王因为一些问题找到了小明，小明也在自身能力范围内替小王解决了麻烦，这就是一个良性的动力循环。

你之所以经常输出阻断，是因为你极少考虑对方的感受。

在讲这个道理之前，我们先定义一个前提，那就是你的输出阻断不是故意，甚至恶意的。你并非是不想对某个人的信息作出反馈，而是无意之间被错误的逻辑控制，觉得反不反馈都无所谓的，所以出现了输出阻断的状态。

这个小节和我们在第一章的“每个人都有认知边界”有些许相似，但又截然不同。自我认知、自我意志和自我情感体验组成了人类的全部意识。认知的边界是在黑箱内发生的过程，而输入阻断则是在多个黑箱沟通之间发生的过程，更偏向于自我意志的范畴。

因为缺乏对对方角色的思考，从而仅限于在自身大脑内判断，完全听从自我意志做出的错误结论，也就是我们经常会说到的：“你根本没有站在对方的角度去考虑问题。”

因为没有代入对方的角色，所以无视了对方的感受。这一点和第二章提到过的同理心放大，刚好是一对相反的例子。一个是太过于感同身受，一个是完全没有触发过同理心机制。

其实都是挺奇葩的两件事。

歪理说

我上班养家已经很辛苦了，你怎么还要问那么多？

Lisa 婚后生了一对双胞胎女儿，老公 Tom 开心得不行，大手一挥：“你不用去上班了，在家多陪陪孩子吧，养家的事情我来负责。”

没有经济压力又有两个孩子，Lisa 顺其自然地从一个时尚女白领变身为天天忙于打理柴米油盐的家庭主妇。三年过去，等到女儿上幼儿园时，她严重感觉到自己已经和社会脱节了，她只懂得猪肉多少钱一斤，橙子买哪种产地的最好吃，这个时候的 Lisa 想出去找工作都不知道什么公司会要自己……

而此时的 Tom 已经身居高位，意气风发地管理着一整个事业部。夫妻二人原本是同行，想要重返职场的 Lisa 开始有意无意地询问 Tom 一些工作上的事，不料却总是被丈夫用一句话给打发了：“你问什么呀，这个是今年业界才出的新鲜玩意儿，我都还没全搞明白呢，告诉你你也不懂。”

时间长了，Lisa 觉得相当委屈，觉得 Tom 已经不爱她了，我不懂是因为我为这个家付出了三年宝贵的时间，而老公的话语里却透露着种种不屑。

同时 Tom 也觉得自己很委屈，我上班那么累，为啥回到家老婆的问题还那么多？不能让我安静一小会儿吗？养家的压力全是我在扛啊。

办事就办事，问这么多有啥用？

小军拿到了户口的调令，去户籍科办理准迁证。不想对方的办事员却出具了一堆列表要求小军提供各种莫名其妙的文件，比如说要求他证明自己家的地址就是自己家的地址。

“我户口本上的地址不就已经证明我家的地址了吗？”小军很疑惑地问，“为啥还需要去街道办事处再开一个证明？”

“让你去开证明你就去开呀，哪来的这么多问题？”办事员不耐烦地回答。

“那我有问题总得问清楚啊。”

“我哪里说得清楚哇，上面都这么要求的，谁会问这么多的？按规定办事不就好了吗？”

小军：“……”

PART 2

怕什么，我爸是 XX 局局长！（×）

我回老家最害怕和亲戚唠嗑的话题之一就是，我的爸爸是什么局长，我的老公是什么派出所所长。有那么一段时间，但凡回老家谁跟我提这个话题，我都会坚定不移地：我呸！你在笑话我这个早年离家出走到小渔村做搬砖的人回到老家啥都不是呢。你知道老娘今年的年薪是多少吗。

但是时间长了以后我发现大部分人说这些还真不是为了笑话我。

人类所有的有活力的社交活动都建立在个人自信心之上。世界上无数本社交关系学的书籍都在反复告诉我们，一个人的自信心强度在个人的沟通能力上是有着极大的帮助的。而事实上，自信心不仅仅是对社交的帮助，而是我们所有人能够顺利社交的基础。

而“我的爸爸是局长”或者“我的老公是派出所所长”，大部分时间的作用是一个人际关系的杠杆，为了增强自己的自信心暗示，也就是为自己搭建一个较为有利的社交的基础。

因为我爸爸是个局长，所以我可以横行霸道，以消耗他的名义来为自己谋求便利；因为我老公是派出所所长，所以我可以罔顾律法，消耗我老公的职位带来的所谓的权力，即便这个权力并非是我本人合法享有的。

我认识这样一个朋友，国外留学多年，回来后自己创业也获得了一定的财务积累，有车有房有公司，生活算得上是中产。但他有个很坏的毛病，就是他经常性提起：“我的亲妹夫的爸爸是 XX 省的省委书记。”这样说大家都会在合作上给他几分薄面，自然会为他的生意带来一些好处，但是未必能够帮他支撑起所有的合作关系。

后来这位朋友的事业发展不是特别顺利，他因为长期频繁提起自己的亲妹夫是谁的儿子，而给众人产生了一种“我是 XX 省官员的姻亲，所以我才能把事情做得这么顺利的印象”这在实力为王的新兴行业里是致命的，因为所有人都认为他自身并没有什么了不起的地方，才会天天把妹夫的亲爹挂在嘴上，所以他其实就是外强中干的一个人。

但是事实上，朋友那位绕了几个弯的省委亲戚在西北，而自己的事业在东南，从创业开始，所有的摸爬打滚吃苦流泪都是自己，对方除了可以用来作为吹牛的题材，压根是帮不上什么忙的。

这件事给了我一个启发就是，过度地使用人际关系杠杆来获取自信或其他关注，反而会让自己的努力和闪光点显得更加不引人注目。

除此之外，在我们过去的社会新闻里也不乏出现因为过度使用人际关系杠杆而诱发的悲剧。

据说双亲都是著名歌唱家的李天X，曾经在美国留学时期因为一些小矛盾对同学喊出了“你敢到中国来，我就弄死你，你知道我爸是谁吗？”之类的话来。

因为父亲是著名的歌唱家，所以他从小在一种盲目自信的环境下长大，成人以后还被笼罩在这种盲目的自信氛围中，以至于后来因迫害少女触犯了法律将自己送进了监狱。

而父母都是著名企业家的小王也同样有过这样少不更事的时候。因为从小家境优渥，小王有资本将所有人都不放进眼里，甚至还说出了“我爸妈是XX，省长都要让着我爸妈三分，我没有怕谁，只有谁怕我”的话来。小王因为狂妄自大的性格，天天沉溺于酒色，最终因为饮酒过多误伤了一名女服务生，被判入刑十年。

但就算已经到了公安机关逮捕了小王，提出了公诉的时候，他依然没有从幻想中清醒过来：“我要给我爸打电话！你们领导叫什么名字，给我报上名来！”

明明出身手握一副好牌，却因为无法对自身有清楚冷静的认知而全盘皆输。

我们可以再来理一理上面两个例子的核心，无论是因为寻找社交自信，还是因为本身家庭环境就营造出一种盲目的自信心，都会带来以下几点共同的问题：

一，强化人际关系杠杆，会同时弱化自身的特质。

因为身边的人很优秀，或者很有权力。自己不断在社交场合中强化别人的特质，所以导致了自身本来的个人特质更不容易被发现。例如，总是提起自己的老婆是高干子女，学识丰富，知性优雅。同时弱化了自己本来就是足够优秀，头脑聪明，雷厉风行的创业人才。他会觉得自己的出身学历处处都不如夫人，癞蛤蟆吃了天鹅肉，这是自卑。

二，强化人际关系杠杆，会同时弱化认知到自身特质的能力。

因为身边人很优秀，所以从小生活在一种盲目的自信里，无法真正发现自身的能力和缺点。例如自己的亲爹是一个局长，就以为自己的社会地位和权利等同于一个局长，胡乱承诺各种做不到的事情，最后害了自己也害了亲爹的官二代们，这是自大。

总结下来，我们就形成了这一节的核心主题：别人的成功和你是否优秀并没有半毛钱关系。而过度的自卑和自大都更容易让人误入“我爸爸是局长”这样一个逻辑怪圈里。

小黑板课堂

第十讲

自我认知的错误关联。

第一个错误的关联是，你因为身边的人相当优秀，所以认为自己也足够优秀。

第二个错误的关联是，你因为身边的人相当优秀，所以觉得自己需要依靠对方的优秀来给自己足够的自信，而茫然无视了自己本来就很优秀的特点。

例子

1. 小花的姑姑是银行高管，她进入银行做普通柜员，每天不专心上班而是催着姑姑给自己想办法升职，“我亲姑姑是高管，我的能力怎么会差？”最终小花因为屡次在业务上犯下大错而被银行除名。

2. 小明的爸爸是数学博士，小明妈妈是数学教授，所以小明觉得自己也应该在数学方面有所建树，而忽略了自己其实更擅长艺术创作的优点。

六度分割理论和“人与群分”的博弈。

中国有句老话，叫“物以类聚，人以群分”。

此话出于《三国策》，话说齐宣王求贤若渴，而一个叫淳于髡的人在一天之内向他举荐了七位贤士。齐宣王愕然，觉得自己平时怎么找都找不到人才，为何对方一下就能举荐七名。淳于髡就抛出了“物以类聚，人以群分”的理论，这算是我国最古老的人力资源管理理念之一。在很长时间内，这个人力资源初级理论都被人们广泛用进更广泛的社会关系里。

而与之相反的理论是在1967年由美国的心理学教授斯坦利·米尔格拉姆所提出和验证的“六度分割理论”，这个理论认为世界上的任意两个人建立联系，最多只需要六个人。六度分割理论与淳于髡所提出的“人以群分”的论证在某个维度上恰恰是相悖的。

为了证明这个理论，德国报纸曾经做过一个实验，为当地一家烤肉店的老板找到他和影星Marlon Brando之间的联系，而事实证明，他们真的没有超过六个人的私交就建立了社交联系。烤肉店老板的一个朋友的同事，是某部电影制作人的女儿的同学的男朋友，而 Marlon Brando 刚好参演了这部电影。

六度分割理论的出现打破了“我爸爸是局长，我就可以为所欲为”这种自我催眠的谬论。试想这个世界上所有人都可以通过不超过六个人的社交关系建立联系，那么假设你爸爸的同学是局长，我爸爸的朋友的二舅子的朋友的亲戚很有可能会是奥巴马呢。当然这中间还涉及强联系和弱联系的环节，但客观推敲，我们谁都不会因为自己的爸爸是谁，而真正地比对方更牛一点。

所以如果哪天真有人在你面前说：我爸爸是 XX 局长。那不过是证明了他投胎的姿势与他人有些许的不同罢了。正如很多人跑去王思聪微博下骂的那句：你有啥牛的，不就是有个首富的亲爹吗？

歪理说

我舅舅是税务局领导，而在座的各位都是垃圾。

小圆是公司新进那批试用期员工里最要人老命的一个。因为他真的从来不学习，也不乐意干活。小圆同学入职的是运营专业的岗位，在没有任何业务经验的情况下，主管领导安排他跟着商务组学习业务线，没想到被他一口拒绝："我是进来做运营的，不是来做商务的。"

领导愣了一下，又苦口婆心地奉劝："可是你没有任何业务经验，又要如何进行业务运营呢？"

"那我不管，反正我不做商务。"小圆继续拒绝和领导沟通，"我就要做运营，而且我不会你们可以教我啊，这不是领导们应该做的事情吗？"说罢小圆还跑到领导的领导那里跨级投诉："当初说好是做运营的呀，为什么说话不算话要让我去做商务？"

众人哑然。

同事 A："领导，你咋招了这么个奇葩进公司的？"

领导："没办法呀，他是关系户。"

同事 B："关系户就可以不服从公司安排吗？"

领导："他舅舅是我们这个区的税务局局长哎。"

众同事："难怪……"纷纷露出了表示理解又深深同情的表情来。

因为我舅舅是局长，所以我可以不用服从单位领导的安排，我进这家公司是你们求着我进来的，所以在我眼里你们通通都是垃圾。

三个月后，小圆因为无法搞好同事关系也完成不了公司 KPI，选择主动离职了。

我妈是这家医院的医务处主任，我看病还要排号？

王军军胃疼去医院看病，挂完号去到内科一看前面还排着一百多号人呢。王军军就急了，去服务台找到护士："哎，你不能帮我加个急吗？"

小护士摇摇头："不行，你前面的人都等了很久了，你的病情也不属于危重类，加不了急的。"

"我妈是蔡主任，今天没来上班，不然我也就不用挂号了。你给我加个急呗？"

小护士："那也不行，最近流感爆发，大家都在等着，还有好多人发高烧的。给你插队了，对其他人都不公平呀。"

"我都说了我妈是你们医务处主任了。"

"不好意思，你妈是不是我们医院的主任和你能不能插队是两件事情。"

就算乔布斯在患胰腺癌等待移植的那段时间里，他的前面还有一百多号人在等待器官源，乔布斯的家人和医生并没有因为他是谁而提出要求让他插队优先接受移植，因为我们生而平等。

PART 3

女朋友为什么又生气了？（×）

Candy 晚上睡觉做了个梦，梦见男友 Eric 出轨了。她哭着醒过来，啪地扇了 Eric 一个耳光，哭诉道："你居然敢出轨？"

被女友一个耳光打到蒙的 Eric 跟我电话投诉："我真的作孽，她怎么老是莫名其妙就生气了呢？"

"她还怎么莫名其妙生气了？"

Eric："经常啊，前几天两个人看电影吃爆米花，我把爆米花吃光了她也跟我生气。你说就是爆米花而已，如果她还想吃我再出去买就是啊，她非要追着说我不爱她，知道她喜欢吃爆米花还把零食给吃完了……然后跟我闹了一个晚上。”

“那你让她吃最后一口不就好了吗？”

“因为这事生气我也勉强可以理解对吧，但是她上周跟我撒娇，我知道她是假生气来着，所以我问她是不是生气了，她发着嗲说没有生气，然后我就玩游戏去啦，结果她真的生气了……”

我趴在沙发上发出了猪一样的笑声：“其实我仔细想想觉得Candy生气还是有她自己的道理的。”

Eric有些绝望地问：“这算什么有道理啊，你们女人从来都是没有道理的。”

“这就是横向思维和纵向思维不同的地方了。她是陷入了横向思维的怪圈。”

所谓横向思维，顾名思义思维的方向是更广泛，更表浅的思维方向。例如Candy看到天空一朵云，就想起了家门口的棉花糖，想到了家门口的棉花糖就联想到上次路过小区门口自己提过想吃棉花糖而Eric没有给自己买，想到Eric没有给自己买棉花糖，就认为男朋友是不是不再爱自己，然后Candy就可以说是很生气了。

我们在日常生活中，因为缺乏深度的思考，更容易产生运用的是横向思维，但真正合理的横向思维是被应用在创新和思考上，是具备个人的思维特征的。比如创意部门的头脑风暴，企业内部的业务创新等等。

而纵向思维则是在一定结构范围内，有规律、有秩序、可预测的程式化思维模式，清晰明了，而且更加符合逻辑。

在上述案例中，Candy 处于横向思维滥用的状态，而 Eric 属于当女友陷入横向思维无法自拔的时候，他自己本身也缺乏横向思维的发散性，自然就无法理解 Candy 错误的逻辑是怎样的了。

再来举个例子：

小刚和女友异地恋拌了几句嘴，第二天小刚打电话给女友，女友挂掉了电话。小刚以为大概女友工作忙或有事情，所以挂了自己的电话。等到中午，小刚再打电话过去，女友还是把电话挂了，这个时候小刚认为女友今天是非常忙，所以就埋头干自己的事情去了。到晚上的时候，小刚的女友终于打来电话对着他狂吼一顿：“你怎么今天都不给我打电话！”

小刚蒙：“我给你打了两个你不都给挂了吗？”

女友：“我挂了你不会接着再打啊！”

小刚：“……”

在小刚的纵向思维层面，挂掉电话等同于对方目前不能接电话。而在小刚女友的横向思维层面，我挂掉你的电话，你就应该明白我是在生气，你明白了我是在生气，就意味着你应该一直打我电话直到我不生气为止。小刚没有这样做，就代表着小刚还不够爱自己。

其实横向思维在日常生活中导致的误会数不胜数，而我们现在都把这样的思维逻辑统称为太作。而所谓的作，也不过是我们在横向思维的同时缺乏纵向思考的能力，从而展现出自己恃宠而骄的一面。

小黑板课堂

第十一讲

单纯、无结构、无深度的思考方式不是创新，是瞎扯。

你过度使用了横向思维，而忽略纵向思维的合理性和客观性。所谓被滥用的横向思维，俗称瞎扯。

例子

丹丹看到了红色的灯笼，联想到一个心仪已久的口红色号，然后她打开了某个电商 APP 打算买一只，看口红试色的时候突然想起来自己肤色和这个色号不是很吻合，继而联想起男友的妈妈说过自己的皮肤不好，太黑了。在说皮肤不好的时候，还提过自己的大腿太粗，身材不好挑衣服穿。

想到这里，把自己给气坏了的丹丹马上拉住在旁边的男友质问：“你老实告诉我，我和你妈同时掉进水里，你救谁？”

男友一脸惊恐："为啥你要和我妈同时掉进水里？"

有感情基础并不代表双方的横向逻辑可以共轭。

所谓共轭的本意：两头牛背上的架子称为轭，轭使两头牛同步行走。共轭即为按一定的规律相配的一对，通俗点说就是孪生。

但在两个人横向思维中的共轭是完全不存在的，我们在前面提到了横向思维更不容易在社交关系中受到结构的约束和规范。因为它不如纵向思维那样是在一个固定的结构内，有迹可循，循序渐进。

我们往往在和其他人共同生活了一段时间，建立了情感联系后会出现一种"你应该明白我的想法"的观念。毕竟在一起相处了那么久，有足够的了解是应该的啊，俗话说夫妻相处时间久了，你抬一下屁股我都知道你是要放屁还是撒尿。

但是我们往往没有意识到一个问题，人与人之间的相互了解是建立在一个固定的纵向结构内的。

比如 A 不喜欢吃芹菜，那么 B 了解 A 这一点，就不会在一起吃饭的时候向服务员点有芹菜的菜品。这是符合逻辑的纵向思维。

而横向的思维是怎样的呢，A 不喜欢吃芹菜，B 知道这一点，但是 B 的纵向思维不会联想到 A 除了不吃芹菜，可能还不吃香菜、青菜、莴笋等一切绿色的食物。于是 A 就生气了，我都说不吃芹菜了啊，你居然想不到我是不太喜欢吃蔬菜？

这就是 A 和 B 两个人无论有多了解对方，都无法产生思维轨迹共轭的原因。共轭本身是建立在纵向结构中的一个数学理论，而横向更倾向于发散性的无迹可寻的创意思考。

当我们遇到这样的问题时最简单和有效的解决办法就是解剖纵向思维。

例如 B 不知道 A 除了芹菜，还不吃其他绿色的食物。那么 A 可以告诉 B，除了芹菜自己还不喜欢吃什么，这样简单直接的沟通可以解决掉所有纵向思维所带来的困扰。

你没有必要因为对方不明白你的意图，不按照你的想法让事情发生而感到生气。这是这个世界上最笨的事情，并且没有之一。

而题外话是，在纵向思维的运用上，男人往往做得比女人更好。因为他们才是那个经常在问：我去！为啥我女朋友又生气了？为啥我妈又生气了？为啥你们女人都那么容易突然生气……的那个人。

歪理说

现在的小孩子不听话是因为太宠他们了！

在家帮女儿带孩子的李老太太天天都在抱怨，是自己的女儿和女婿太宠爱孩子了，所以孩子爱闹腾。

李老太太：“孩子不肯好好吃饭啊，就是平时惯得太厉害了。”

女儿：“不吃饭和惯着孩子有啥关系？”

李老太太：“因为你们老惯着他，所以他很容易发脾气啊。”

女儿：“孩子不吃饭，是因为他还没有饿吧？孩子爱发脾气是因为双方沟通不畅顺，他对世界的感知还没有完全建立起来吧？”

李老太太：“那到了睡觉时间不睡觉还一个劲地看动画片，不是惯着是什么？”

女儿：“孩子不睡觉，是因为他还不困吧？”

李老太太：“我说什么你都有理由，孩子不听话就是学的你们大人的吧？”

女儿：“我只是好好地在讲道理啊。”

李老太太很生气：“我也是在跟你讲道理啊。”

李老太太是运用的横向思维，而女儿是纵向思维，双方逻辑存在方向性的偏差，所以永远都不可能讲到一块儿去。

女儿：我啥时候给你买机票？妈妈：我死了你是不是不回来烧纸了？

母亲要在国庆的时候回老家，女儿问她几号回去方便提前买机票，因为便宜。

女儿："你提前告诉我，我要提前买票，回四川的机票好贵啊，比飞一趟日本还贵了。"

母亲："以后我死了埋在四川，你是不是就不回来给我烧纸了？"

女儿："我问你买几号的机票而已啊。"

母亲："机票贵你以后是不是就不回来了啊！"

女儿："我什么时候说过不回来的……"

PART 4

我怀孕待产，你们照顾一下是应该的。（×）

小美下班回家，家门口被贴上了一张纸条：“您好，我是 304 的住户，我最近怀孕了，为了能够好好待产，避免宠物带来的不良影响，请自觉将您家的狗送给朋友或寄养到其他地方。”

Excuse me？小美看完纸条以为是谁家的恶作剧，就没有搭理。不想第二天，小美回家后这位 304 的住户朋友居然找上门了。

来敲门的是位文质彬彬戴着眼镜的女士：“您好，请问您是 308 的业主吗？”

小美觉得有些莫名其妙，不过还是照实回答了："不是，我是租住在这里的。"

"好的，那就好办了。"女士点点头，"我昨天贴你家门口的纸条你看见了吗？"

"看见了啊。"

"可是你今天还是没把狗送走啊，我白天休息的时候还听到你家里有狗叫声。"

"我的狗一般不吵的啊！"小美很疑惑地说道，"为啥我要把我的狗送走？"

"我昨天不是告诉过你了吗？我怀孕了，猫狗类的宠物会对孕妇和婴儿产生不好的影响，你知不知道什么叫弓形虫？"女士很不耐烦地回答。

"我知道弓形虫啊，那个不是要反复去吃狗屎才会感染上的寄生虫病么？"小美很有耐心地科普。

"你这小姑娘我跟你好好商量，你是怎么说话的？"

"我的狗平时牵出去都是有带着绳子的，到固定的地方大小便后我都有清理干净，恕我直言，我真的不知道在我自己家养狗和你怀孕有什么关系。"

"你不送走是吧，你不送走我就直接找你租房的业主去解决问题了！"女人走之前还恶狠狠地丢下一句，"小姑娘看着挺好的，怎么这么没有公德心？"

小美："……"

这位女士的此类行为其实并不少见——

我是孕妇，所以全楼都禁止养狗，也别开 Wifi 了。

我是高三学生，所以你们晚上 9 点以后下班走路不要出声音，避免打扰我学习和休息。

我是老人，你们家每天做饭的油烟味老人受不了。

我们的社会是一个法治社会，抛开法不谈，制度首先应该是在全社会认知下统一的条款才能被称之为制度。而制度讲究的是权力的边界。

何为权力边界呢？假如我们每个人都有一个权力的气泡，在这个气泡内我们做任何事都是自由的，被社会制度所认可的。在气泡的外面，涉及大众所认可的行为规则，也关系到所有人的利益，一旦我们要戳破这个气泡，甚至主动要戳破别人的气泡，这就是权力过界了。

你是孕妇，在你的权力气泡里，你完全可以选择不在家里养狗，甚至你也有出门看到狗的时候要求对方使用牵引绳避免误伤到孕妇的权力。但是你不能要求别人在气泡内的行为是怎样的，你不能要求别人在家不能养狗，也不能要求平时使用牵引绳的主人将爱宠送走。

而导致这样不可理喻的行为，是因为你将自己的权力气泡放到了无限大，甚至挤压了别人的气泡到无限小。

小黑板课堂

第十二讲

你觉得自己弱势应该被优待，所以通过权力放大来争取更强的利益。

在正常的状态下，我们每个人的权力气泡是合理，并且能够给我们带来稳定的安全感的。但当我们身处某项会弱化自身条件的事件中时，因为我们感觉到了自己的弱势，所以在潜意识里放大了气泡的界限，以此来争取更强的权力。但是又因为每个人对事物的认知高低，所以才会出现“一个人怀孕，全楼都不能养狗”的极品现象。

例：小丽怀孕住院待产了，而且还出现了早产的迹象，所以小丽要求一个人独占双人病房，同时投诉了护士没有按照她要求的每个小时都来病房看她一次。

小丽因为自己快要早产了，所以想要受到更严密的保护，因此向医院提出了要求特殊照顾的条件。而小丽的权力气泡放大，导致的结果是其他同样在待产的孕妇权力气泡缩小，因为医生和护士人手有限，如果单独抽调人手照顾小丽的话，照顾其他孕妇的人员就更少了。

权力气泡的相对论。

所谓平等，是一个人对于另一个人的关系和态度的阐述。在目前来说，绝对的权力平等是不存在的，但我们依然可以在小社群范围内做到相对平等。而所谓的平等，并非等于平均。衍生到权力的层面上就意味着，在这个社会里我们每个人的权力未必是平等的，我们依然可以在相对能接受的范围里保持一个权力的平衡点。

而这个平衡点，就是人类社会形成的基础。

那么权力又是谁赋予你的呢？答案是小社群。我们在前面提到，所有的社会制度都是在小范围社群中约定俗成的，例如迪拜的婚姻制度，仅仅是在迪拜这样的社群中生效，形成这个社群中人们认可的条款；而将迪拜的婚姻制度转嫁到中国来，就叫对女性的不公平，男权社会。

“我怀孕了你不能养狗”在没有任何社群关系的条件下，只是一个简单的权力诉求，而权力诉求是否合理，则是基于身处社群的基因。

如果上文的那位不允许别人养狗的女士，有朝一日找到了一个禁止养狗的国度，那么她之前的“我怀孕了你不能养狗”的权力气泡是完全合理的。因为在那个社群里，所有人的权力气泡里都包含了这一个权力。

而一个怀孕早产的孕妇，如果她能够入住一人一个房间，并且单独配备医护人员的医院，她的各种要求也相对是合理的。

这就是权力气泡的相对论了。

歪理说

我都要迟到了，插一下队又怎样啊，不会让我先过？

小星出差，到机场安检的时候遇到了一个插队的女生，从队尾一直窜到了最前面。小星将那个女生抓出来：“这位小姐，安检要排队，好像我在你前面吧？”

女生：“我要迟到啦，你让我先过。”

小星：“我也要迟到了，你可以去问问我后面的那位人愿不愿意让你先排。”

女生：“你这人怎么这样啊？迟到了插一下队又怎样？现在的男人都这么小肚鸡肠吗？”

小星：“如果你迟到了告诉我，我当然愿意让你在我前面，但是我后面的那十几个人是否也愿意让你在他们前面呢？你问过他们吗？”

女生：“……”

这里离我家最近，我就要在这里下车！

老人：“你让不让我下车？”

公交车司机:“老奶奶,这里不是公交站台,下车对你来说很危险,而且违法了交通法。”

老人:“我管你什么交通法,这里下车离我家最近,少走几步路。你忍心让个七十多岁的老人走那么远吗?”

公交车司机:“老奶奶,真的不可以,你快坐下来,不要干扰到其他客人了。到站我就会停车。”

老人开始举起拐杖砸司机:“你不停车,我就打到你停,教你什么叫尊敬老人。”

众人:“……”

Chapter 4

>> 不成功，是因为不值得就随便弄弄 >>

不值得定律：你觉得一件事情不值得去做，就会抱着不甘愿的心态去完成，结果通常是敷衍了事。就算成功了也不会有很大的成就感。因为不值得做的事情，就不值得做好，所以就往往错失了让自己学习进步的机会，让自己长期处于自暴自弃的 loser 状态。

▶▶▶▶

Mrs.P 的开场吐槽：

随便弄一下的你，基本就是根废柴了。

◀◀◀◀

我曾经在一家除了老板打过了鸡血，其他人都跟在养老一样的公司待过半年。那是怎样的一种状态呢？当时公司并不盈利，也找不到什么盈利的好项目。而老板所有异想天开的项目在大家看来都不太可能做到短时间内有起色的，但是本着拿人钱财替人消灾的观念，大家都还是硬着头皮去做，打算做到直到公司发不出薪水为止，也算不辜负和老板相识多年的情谊。

但是我们居然没有想到，这家公司老板的融资能力（吹牛能力）竟远远大于他对业务创新的能力！也就是不管我们的项目如何没有进度，如何失败，他真的都能找到源源不断的投资进来作为支撑。

在这样的情况下，事情就变得相对尴尬了。一方是坚定自己能把公司做上市，身价亿万从此带领大家走向人生巅峰的老板。一方是心知肚明这业务就是一片红海，红过了朝霞谁做谁死，你能赚到钱才奇怪了呢的公司群众。

老板在的时候大家努力干活，激情奋斗；老板不在的时候大家组队开黑，一样激情奋斗。从公司总经理到前台妹子，只要老板不在的时候都可以随意在办公室里吼上一句："哎，寒冰寒冰，寒冰你跑什么跑？我的奶呢？快来奶我啊！"情绪激动，仿若遭遇了人生瓶颈。

当然，我并没有参与众人的组队开黑，一方面是自己玩团战的方向感不强，明明玩的是肉还老想着要往回跑；另外一方面，我当时忙着在玩阴阳师，天天为了凑 SSR 碎片焦头烂额的。

直到某一天，相识已久的同行相约叙旧，隔着一壶热气腾腾的普洱噼里啪啦地跟我说了一堆最近行业里的新方向，新思维之类的，听得我心里拔凉拔凉的。为啥会凉？因为长期沉溺于阴阳师不可自拔，所以压根没有在好好地做事，与行业长期脱节，自然就被新兴的事物给远远甩在了身后。

那么为啥我没有好好做事？因为我觉得这个公司根本不值得用尽我的全力去做事。于是在无意中，向来自认为是业界精英的我就退化成了一根废柴。

你看这就是你觉得事情不值得，所以无所谓做不做的坏处。冷静下来想一想，如果觉得一件事情不值得去做，那么你可以直接走人去做别的嘛。这又不是在谈恋爱，拉拉扯扯的何苦要浪费彼此的大好时光。

PART 1

想到要去这种破公司上班，早上连起床的动力都没有。（×）

顾天元的手机上设了大概十个闹钟，每天早上从六点每隔五分钟响一次，直到六点五十为止。如果不这样，顾天元表示自己根本就无法起床。

“想到又要去那个破公司上班，真的是一点起床的动力都没有啊！”

顾天元所指的破公司是一家不大不小的企业，薪水自然也不高不低，顾天元在里面做着一份平平常常的工作，收入刚好足够在一线城市自给自足达到温饱罢了。这样的生活自然不是一个九五后的年轻人所想要的。

顾天元想要的生活是什么呢？他想买一辆白色的玛莎拉蒂，住在深圳湾二十万一平的豪宅里，每天在清澈的阳光下醒来，手里端着一杯热气腾腾的咖啡。活得像一枚玛丽苏里的霸道总裁。

但是问题在于，他从来没有想过要如何才能达到这个目标。但顾天元还是对现状有基本认知的——他知道目前的工作，无法满足他对生活的期望值："当工作无法满足自己的时候，我又要如何去满足自己的工作？"这话从他嘴里说出来的时候，貌似也充满了人生的哲理。

这句话在顾天元自己听来，是相当有逻辑的。换句话说，他在使用止损的手段来控制自己的生活。因为觉得工作是亏本的买卖，所以不要投入就好了啊。

但是所谓止损，是在不确定结果和未来路径的时候使用的缺乏了未来观的方法。

人类的交易机制和我们真实的生活其实是无法区分开的，我们大部分人会在遇到不值得的事的时候，潜意识会启动交易逻辑，停止更多的付出，以此来避免损失。

这份工作不值得，所以就减少投诉的精力和时间；这件事情不值得，所以无所谓弄弄就好，不要太浪费自己的精力。而恰恰是这样的止损逻辑，让我们陷入了一个因为止损机制而导致的恶性循环。

这是因为止损这个动作本身存在两个方向，一，从数字上止损，也就是可见成本止损。二，从路径止损，也就是整体方向的调整。

我们通常做到的止损手段是第一种，成本止损。对于顾天元来说，每天对工作投入的精力和时间，是可量化的数字成本。当他发现自己所投入的成本无法获得预期中的回报时，他的潜意识选择了减少成本的投入。而这样的方式，恰恰会让顾天元陷入了一个恶性循环的怪圈，因为工作不值得，所以减少了投入，因为减少了投入，所以这份工作能够反馈的回报曲线是下滑的，从而就变得更加不值得。

而顾天元之所以陷入这样的循环里无法自拔，是因为他缺乏一种对事物发展路径的未来观判断。

那么如何才是正确的止损方式呢？在止损的部分只做到成本止损是粗暴的，我们还应该考虑第二种，从路径上进行止损。例如当你发现自己的工作回报无法达到自己的期望值时，首先考虑的是路径的改变，自己的就业方向是否有错，如果有错误，那么及时调整就业方向。判断对工作的成本投入是否有做到位，因为投入成本的过低也会导致回报低于期望值。在我们做出以上路径和成本的判断后，然后再及时调整路径进行止损。

什么叫路径止损呢？

自己开公司后来生意失败的小曾去到朋友的一家公司开始了自己打工的生涯。做了十几年的老板，突然变成了员工，小曾的心里一度觉得不平衡："我也曾经是个人物，现在上下班都要打卡，有事出去还要请假？我不服气啊，苍天没眼……"

“你要不要养家养老婆孩子？要就给我老老实实地上班去！”小曾的老婆翻了个大白眼，“你难道就打算这么颓废下去，我还指望着你东山再起把赔出去的房子再给我买回来呢。”

“你懂个啥？现在的公司根本就无法挖掘出我的优势，我做下去也没意义，拿份死工资而已。”

“哎哟，那你想办法解决这个问题啊，光是抱怨有什么用？”

小曾想了想，觉得老婆说的虽然有道理，但是目前这家公司的氛围到项目的确不能激发出自己的斗志。所以他很快提出了辞职申请，跳槽到另外一家从发展前景和做事风格都能令自己更信服的企业。

一年以后小曾虽然没有出来创业，但已经是这家公司核心的骨干员工了，拿了期权股票年终奖丰厚，就算不出来重新创业也是前景一片大好。从前做生意赔掉的房子不出意外过两年也能买得回来。

小曾所使用的止损就是路径止损。也就是我们讲道理时说的：光是抱怨是没用的，你得仔细思考，然后认真去改变。

小黑板课堂

第十三讲

错误的止损逻辑和缺失的未来观。

所谓错误的止损逻辑是指，在对一件事物缺乏细致全面的考虑时，依靠自己潜意识的交易机制终止了自己对这件事物的付出成本。而未来观是指你对某件事物未来发生、发展的基础的形势判断。之所以我们在使用止损手段时往往会带来更大的损失，是因为我们缺乏对未来的判断。

例: 小雪在一家大型企业工作了三年，一直没有太大的薪水变动。小雪觉得在这家公司待下去没有什么前途所以就跳槽了。一年后原本的企业上市成功，小雪的前同事都一次性拿到了份额可观的股票，实现了某种程度上的财务自由。而小雪却在另外一家公司重新开始。

这就是因为缺乏未来观所以导致了错误的止损事件。

未来观和因果关系之间的链接真相。

我们通常默认的经典因果关系，是在纵向思维中最明确的一种逻辑——因为什么所以什么。因为天气冷了，所以我们要穿衣服。因为想要出去旅游，所以要存更多的钱。

而我们生活中所经历的事物往往伴随着更为复杂的因果网络，各类经典的因果关系会因为强弱的不同交叉形成不同的交点。这就衍生出了概率因果、互为因果以及自为因果的论题。

所谓概率因果，我们可以依旧使用前面的例子。顾天元和小曾两个人都面临着同样的问题，小曾的未来观促使他选择了行动，跳槽去另一家公司，这里就存在一个概率因果关系——小曾在跳槽后有可能成功崛起，也有可能再次失败回到原点。无论如何，概率因果都可以为小曾激活新的机遇，很显然他也抓住了这次机遇，小曾成功地将概率因果转变成为了经典因果关系："因为我进行了路径止损，所以我重新获得了成功。"而在小曾做出这个选择之前，我们谁都不知道这个因果关系发生的概率到底有多少，我们唯一知道的是这个选择一定会激活因果交点。

相反的是，顾天元因为对未来判断的缺失，在潜意识就一直在回避掉这种概率因果，也就是顾天元使用的成本止损手段根本无法为他激活新的因果交点，所以他陷入了不爱工作又不得不去工作的一个互为因果的循环，我们可以简称为自作自受——为什么不好好工作？因为回报不高。为什么回报不高？因为没有好好地工作。

这种互为因果的关系，当我们在追溯某一件恶性循环的事件时会经常遇到。互为因果也可以归纳为经典因果的范畴，因为循环的长链无论有多少个环节，结局必然会回到更糟糕的原点。

这种现象我们也经常在失败的婚姻中见到。

“你老公对你不好为啥你不离婚？”

“离婚我也过得不好啊。”

“可是不离婚，你连过好的机会都没有了啊。”

歪理说

我不喜欢这个专业，所以天天逃课很正常的啊！

大猫在高考的时候希望能够进入某所大学的生物系以后做一名科学家，但是因为分数的原因，大猫最后被调剂进了该所大学的临床医学专业，对此大猫表示相当不开心。

“我根本不想当医生。”

“我觉得我学了这个专业，出来也不会去医院做一个医生。”

“医生就不是我的就业方向啊。”

于是大猫抱着“我不想做医生，念书也只是为了拿到学位而已”的想法进入了自我放飞的大学生活——专业课上不上看心情，反正都有同学帮忙签到；考试全靠友谊和运气，抄都能抄够六十分，能够安全过关就行了。

同学：“明天考试了啊，你还出去玩游戏？”

大猫：“明天考外科，你看我的样子有准备以后要去做外科医生吗？”

同学：“这位同学，不管做不做医生，也要先拿到学位证啊！”

大猫：“考试及格不一定是要靠学习的嘛，不是还有你们呢吗？”

最后大猫因为在重要的考试作弊，被学校做出了不予毕业的决定。

而和大猫经历相似的小欣，她本来的计划是进入医学心理系，结果同样被调剂到了临床医学专业。

所有人都发现小欣很喜欢往心理系的教师那里跑，过了段时间，小欣居然在选修的时候选择了医学心理的课程。

同学："你对心理学就这么念念不忘啊？你是临床系哎，毕业以后是要做医生的。"

小欣："谁告诉你的啊，我的梦想是做一名心理学家。"小欣越发勤奋了，专业课程没有丢下反而次次拿奖学金，选修课程也没有丢掉，还在医学心理系混了个教授的助理来做。

临近大学毕业的时候，小欣顺利跨专业拿到本校心理学教授的研究生名额。

供女儿读书没什么意思啊，还不如早点嫁人替家里省点钱！

姗姗从小成绩特别好，却出生在一个重男轻女的贫困家庭。父母天天挂在嘴边的话就是："女孩子念书没用，你随便读读就好了，早点出去打工养家，要么就早点嫁人替我们省钱了。"

姗姗父母的行为就是这个小节里所说的：成本止损行为。

而姗姗偏不，她的书读得比父母多，眼界和观念都和父母完全不同。她心里非常清楚，如果听从了父母的，这辈子的价值也就是为家里省了点学费而已了。

所以姗姗坚持一定要念书，家里不给钱就出去做兼职，她做过家教，送过外卖，还挤时间出来给各种媒体写稿子赚取稿费。就这样，姗姗一路从县城一所普通的高中考到了北京大学，又从北京大学考去了国外一家奖学金丰厚的名校，毕业以后直接留校任教，年薪丰厚。

姗姗这样的行为是路径止损，而从前父母投资在她身上的，认为女孩子读书是亏钱的学费都得到了合理的回报。

PART 2

不过是个次要角色而已，随便宣传下就可以了。（ × ）

“这个演员是谁呀？”

“就是电视剧的男四号吧。”

“那就不是什么重要角色呗，你随便写个宣传文案意思一下就行了。”

一线的女明星唐小姐曾谈起过自己在出名之前的遭遇，有一次她参演了一部电影的女三，按照惯例所有的主演都有自己独立的化妆间，而她在大冬天穿着短裙在片场找了一轮，都没有找到有自己名字的房间。最后在工作人员的指引下，她才发现自己的化妆间被安排在地下室一个偏僻的小房间里。

最后不得已唐小姐领着助理进了乱七八糟但是有暖气的群演化妆间，开始一天的工作。因为工作人员随便分给她的那个房间没有暖气不说，连灯都是坏掉的。

唐小姐表示，在自己还未出名之前受的这种待遇数不胜数——

拍摄海报，主演通常会安排半天时间，留给配角的时间就只有半个小时左右，而且经常会跟着主角的实际到场时间有所变动。

剧组的服装人员会用大量设计和高品质的服装给主演，而配角的服装是从仓库里直接租用的。大部分的原因是因为大家都觉得她只是一个次要的角色而已。

委屈当然是有的，但是谁让自己当时只是个新人呢？

同在娱乐圈的天后王小姐，曾经用自己的天籁之声统治了一个时代的流行音乐，对于很多人来说，王天后就是他们青春时期的全部。名气大，赚钱也多，实现了财富自由的王小姐在唱累了以后很快退隐江湖，云淡风轻地去过日子了。

这在当时算是一个大新闻，众人纷纷扼腕，百年一见的天籁之音，以后想听都没得听啦。

但是没有想到的是，王小姐退隐歌坛十来年后，突然又宣布复出要开一个演唱会，原因大概是“我并不差钱，开演唱会只是想和朋友们一起玩一玩”。

这意思从宣传稿的字里行间传递出来，云淡风轻得令人只想仰慕。

既然只是想玩玩，那就不要收费啊好吗？但是演唱会还是照常售票的，歌迷们感动得痛哭流涕，纷纷掏钱捧场，前排 VIP 的位置卖到了好几万还一票难求。结果演唱会一开始，大家都集体蒙了——天后唱歌怎么在跑调？好几万一张演唱会门票啊，就算后排的位置也要大几千，大家都是花了巨款但是听了一场气息不稳，跑调跑到地球对面的天后级演唱会。

但是很快就有人出来替天后说话了："人家开演唱会是因为好玩的心态，你以为人家真缺你这点门票钱吗？"

"她是天后啊，愿意出来开演唱会都不错了。有几句唱不好又不是什么大事。"

群众的狐疑："因为随便开演唱会，所以就可以不好好准备，一直在跑调吗？"

我们通常能够理解在做一件事情的时候要分清楚主次，找得到事情的重点。

比如说拍一部戏，主要的角色一定是工作的重点，那么次要的角色分配的工作时间更少一些，这样的安排通常是能够被理解的。但是一件事情不属于事件的核心，不代表就可以随随便便地去对待。主要的角色是重点，并不意味着次要的角色就可以不认真去宣传。随便玩一玩的演唱会，并不代表你可以全场都在跑调，要唱歌你就好好唱行不行。

无论看上去多不重要的事物，其实都不能够随便对待。在医院做急诊室医生的小文深知个中道理。

某晚小文值夜班，来了两个急诊，一个是危重病人，另外一个除了胸闷并没有其他不舒服的地方。按照急诊室分诊的规则，值班医生和护士都率先进抢救室抢救病情较重的那个病人去了。但本着对病人负责的态度，还有自己职业本身就具备的敏感能力，小文要求另外一个看上去并不严重的病人坐在抢救室门口的位置，方便大家可以及时进行关注。十分钟后，那位病情不严重的病人突发心脏病倒地不起，幸而医生和护士都一直在警觉的状态，及时对病人进行了心肺复苏才没有造成更严重的后果。

以上的几个例子，就是大家对于事件投入的质与量的区分。

所谓的“质”，顾名思义是指品质，你有没有将这件事做到最好，是否还能够做得更好，这就是对于质的追求。而“量”，是指根据事情发展的轻重缓急，区分对事件的投入时间和投入成本。

我们假设上文的医生小文，在处理急诊病人的时候将质和量进行了混淆，那么病人也许会因为医生的关注度过低而产生并发症或死亡。天后王小姐，因为在开“我随便玩玩”的演唱会的时候将质和量进行了混淆，所以她开了一场“我只是随便玩玩”的演唱会出来。

现在我们可以反省一下，在平常生活中是不是也经常出现将质和量混淆导致每一件事都做到差不多就好的情况呢。

小黑板课堂

第十四讲

投入的临界点设置错误，事情就会变得将就。

所谓投入的临界点是指，我们针对事情的重要程度预先设置好的一个投入成本量的最高值。而这个投入的基础是基于量，与投入品质无关。而我们往往把事情做得将就，大部分原因是因为我们将明明和量有关系的临界点设置在了质的基础上。

例子

酒店名厨小梁对客人相当挑剔，对于大手笔定宴会的客人就相当认真负责；而对于小型宴会的客人小梁一般就不负责掌厨，或者掌厨了也是马马虎虎地出菜完事。时间长了酒店因为菜品的品质不稳定，导致口碑好坏不一，生意也是时好时坏。

关于质的稳定性能力是世界发展的基础。

鸡汤类的作家们喜欢在某个点上反复地说道和宣扬，要我们认真对待生活，要热爱每一件事，所谓的“生活虽然糟糕，但依然要去热爱它”大概就是一个对质的要求了。我们可以觉得某件事不重要，但既然做了就要做到最好。

虽然啰唆，但也一定是有道理的。

关于质的稳定性，科学家会认为是一种在内外干扰下保持自身某一状态不变的能力。这个世界上所有的发展都离不开质的稳定。科学经济的发展需要长期稳定的社会环境；人类之所以能够健康成长是基于稳定的生理条件；粮食能够丰收是因为当年风调雨顺，环境的稳定性给力；而你的偶像演技十年如一日，之所以可以红这么久都没过期，讲的还是输出的质相对稳定这个道理。

从细处说，一个人在某件事情上取得了成功往往是因为他能够稳定长期地进行质的输出。学霸之所以一边沉迷于吃鸡，一边学习依然能在考试分数上秒杀众人，那是因为他在学习的时间里投入的质高于了其他所有人。

歪理说

我是百忙之中抽空来演讲的，随便做个 PPT 吧。

某个国内大型互联网公司的用户总监刘先生在一次重大的行业聚会中使用了一版“内容看上去像是一个实习生做的”PPT 进行演讲。其内容粗糙，画面丑陋，甚至还出现了明显的错别字。这样的 PPT 引发了台下观众的一直吐槽，甚至有人当场对着他喊：“你太 low 了，快点下去吧！”

这次事件也迅速诱发了激烈的网络舆论，大家争论的中心主要是：为什么像 XX 这样一家在全球排名前十的大型互联网企业，总监的水平竟然低到令人发指。

事后刘总监表示：“我是在百忙之中来参加大会的，准备得不充分。”

众人：“你明明就是没有这个实力吧。”

刘总监继续为自己狡辩：“我用错了 PPT，这个是测试版。”

业内人士：“从你现场的水准来讲，刘总您并不重视这次大会，所以下次我们就不邀请你了。”

一周以后，刘总监所在的企业发布公告，因为业务水准不足，所以不再聘用刘先生任职其用户部门的总监职位。

刘先生也无所谓地给出了回应："这周已经有三家猎头公司找我聊啦。我是有实力的，只是准备不充分，舆论真是太可怕了！"

装修的钱不多，用点便宜的材料反正看上去都一样的。

做工程的王先生承包了一个小学翻新装修的项目，因为行业竞争厉害，所以王先生的中标价可以说是相当的低了。但是作为一个生意人，王先生的本能就是在钱的方面能薅一毛算一毛，绝对不做亏本的生意。

想要多赚钱，中标价格又没有更多的空间，所以王先生就把主意用到了材料上。

用便宜的小工厂材料代替国家规定的环保材料，王先生表示："反正颜色差不多的啦，做出来效果一样就行了啊，这么小的单我才拿多少钱，怎么可能给你亏本去做。"

两个月后小学装修如期完成，学生们陆陆续续地回到了学校。一周以后学校大量学生表示新装修过的教室令自己头晕恶心，嗓子很不舒服。在媒体和环保部门介入后，学校最终选择了报警。王先生因为这件事被罚款，并判处了一年有期徒刑。

这就是因为钱不多，事不重要，随便搞搞然后把自己送进了监狱的例子。

PART 3

你再努力也不可能得第一，那么认真干吗？（×）

“别看书啦！”孙玲的室友疯狂地催她逛街，“快点啊，反正看那么多书你也考不了第一，何必呢？”

作为一枚准学渣，孙玲从小到大的成绩都在中等徘徊，所以每一次考试之前，孙玲都要拼尽全力希望这次能考个好的成绩出来。但是几乎所有朋友都会劝她说：“你何必这么拼呢？咱们班上学霸那么多……”

孙玲想了想，又觉得室友讲得挺有道理的，她立马就忘记了十分钟前自己发誓要好好学习的誓言，麻利地化妆换衣服出门。然后这次考试，孙玲的平均分数和上次虽然没有什么差别，但全年级的排名却下滑了50多名。

这个故事要讲的不是如果孙玲没有出门逛街而是认真复习，就一定会得到怎样的结果。我们在这里要讲的是——所有事物的发展都是相对的，而极端的目的是静止的，我们在抵达极端目的之前依然有无数种可能性发生。

不太明白？没关系，我们看看下面两位同学的故事。

小百和小程都是文学爱好者，他们有个共同的目标，就是希望有朝一日能够出版自己的文学作品。

小百是个性子相当激进的人，充满活力和创造力，当他开始进行长篇小说创作的时候，通常在第一周就一口气写个上万字，然后再陷入一种自我纠结的怀疑："写了真的可以出版吗？""我真的能写完吗？""我觉得前面的部分写得太烂了，要不算了吧？"

想到这里，小百几乎完全放弃了创作小说的计划："反正前面写得这么烂，后面写得再好都出版不了啦，那我还写来做什么呢？"

而小程是个沉稳的人，工作繁忙的他能够用在写作上的时间并不多，所以小程每天大概只能写一千字左右。他也时常会怀疑自己的创作质量到底是否有机会出版，不过小程的想法和小百截然不同，他会觉得："如果达不到出版要求，我可以当作写作练习呀。练习多了，质量上去后自然会有出版的机会。这样对自己也是个提升嘛。”

在这里，小百和小程的共同终极目的就是：出版个人的长篇小说。但小百在事件动态发展的过程中因为只追求了终极目的，所以轻易就放弃了发展，回到了原点。而小程除了终极目的之外，注入了其他发展可能性，所以最终只有小程将写作的爱好坚持了下来。

同样的道理也可以应用在工作上。

销售员 Wing 去谈一个大客户。这个大客户不是太好相处，而且对产品的要求可以说是相当苛刻。Wing 谈了一段时间后，发现大客户几乎都不理自己了，电话不接，微信也不回。于是 Wing 放弃了这个客户，觉得再谈下去也不会有结果。

这时候 Wing 的同事兰子说：“不然我来试试吧？”

Wing 对此不屑一顾：“你这样只是在浪费时间，他是不可能给你单子的。”

当然，兰子并没有把 Wing 的话听进去，一开始的时候虽然客户也不是很想搭理兰子，但是时间长了以后，客户居然开始真的考虑要把单子放给兰子了。

最终半年过后，兰子如愿以偿地拿到了这一笔数目不菲的大单。

小黑板课堂

第十五讲

终极目的是静止的，所以概率论上来讲，你的目标一定可以达到。

事物的发展可以相对地快或者慢，但所有预定的目的是固定的。就好比两辆同时并行发出的 A、B 列车，终点相同，A 列车跑得很快，但是觉得自己可能无法抵达目的地就中途掉头回去了。而 B 是慢车，一路摇摇晃晃地开到了终点。

例子

反正我在这辈子也发不了财，所以我就不工作了吧。

反正我也考不上清华北大，我就不认真学习了吧。

反正女神也不可能喜欢上我，我就不表白了吧。

终极目的外的其他可能性空间。

不进则退的概念在中国历史上最早出于《邓析子·无后篇》，全句是“不进则退，不喜则忧，不得则亡，此世人之常”。短短十来个字道出了事物发展的轨迹哲学。

人类目前处于历史上信息爆炸的峰值状态，这意味着每个人每一天都在通过各种信息渠道进行学习。我们在前面也提到过，所有的发展都是相对的，因此：我们在人与人相对，人与事物相对，事物与事物相对的基础上可以理解为这个世界上的所有事物都是动态的。

基于以上理论,我们可以得出:虽然我们的极端目的总是静态的，但是由于事物的相对动态，要实现终极目的的发展路径就一定是动态的。由此我们获得了以下结论——

1. 实现终极目的需要随时调整事物发展的方向，因为在实现路径中所有的参照物都是动态的。

2. 在调整事物发展方向的时候，会有更多机会触碰到无预见的可能性空间。假设终极目的是 A，其他可能性空间是 B，那么我们最终的结果可能是 A 与 B，A 或 B。

先说第一点：假设一个登山家，他在某次登山计划中的终极目的是在海拔 8000 米以上的山顶。在实现这个目的的过程中，登山家可能随时会根据天气、风向和实际情况的变化去改变自己的登山节奏、策略。

第二点：这位登山家发现之前大家都走过的路径已经被大雪封住了，要再上前几乎不可能。团队里几乎所有的人都要求他立即折返，从理性的角度来看，通往山顶的路已经没了，这次的登顶计划根本不可能完成。情急之下，登山家并没有选择放弃登顶，而是转换方向，企图从山坡的另一面登顶。在调整登山策略的过程中，这位登山家居然无意间发现了世上罕见的远古化石。他下山后将远古化石带回国找到相关的科研机构，科学家们根据这块化石得到了生物学中一个重要的发现。虽然最终登山家也许没能成功冲顶，但是因为他对事件发展的及时调整，他收获了更珍贵的回报——科学家们以他的名字为这次的发现进行了学术命名。

假设，这位登山家在遇到大雪封路的时候来一句："我去！居然被雪封路了！我不爬了，反正也到不了山顶。"然后拍拍屁股收拾回家，那他永远都没有发现化石的可能性。

歪理说

公众号阅读量只有几十，你还写啥公众号？

米兔因为个人爱好，特地开了一个关于摄影的公众号，不时发表一些自己的摄影作品和摄影心得上去。虽然公众号没做什么宣传，但是因为质量还不错，所以每次公众号文章都有几十次的阅读量。

米兔感到很满足，阅读量虽少但粉丝数量在慢慢地增加，小号迟早也会变大号。

米兔有个做行业大 V 的好友，这个大 V 经营着自己篇篇阅读量都上 10W+ 的公众号。一心想把事情做好的米兔找了个时间约大 V 吃饭，向他虚心请教公众号的运营方法。大 V 打开米兔的公众号看了看，很鄙夷地说："你公众号的阅读量才这么一点哇？"

米兔点点头："嗯，我才刚开始做几个月。"

"都做了几个月了还只这么一点阅读量，那你做这个公众号完全没有意义啊。"

"当然有意义了！"米兔反驳道，"我也有些粉丝会在公众号里和我沟通摄影技巧啊，而且虽然粉丝涨得慢，也一直在上涨的啊。"

"哎哟，小姑娘还是太年轻了。"大 V 摇摇头，"你做公众号的终极目的不就是要增加很多粉丝创造内容的效益吗？既然你的粉丝一直涨不上去，那你写公众号干啥呢？”

米兔：“我没想那么多啊，其实也还有很多别的意义吧……”

中国队解散算了，反正也进不了世界杯！

Alex是中国足球队的球迷，但是中国队目前的水平大家都懂的，所以每一季的足球赛事上他都要上火为自己的偶像争取利益。

球迷：“每年拿那么多钱还踢成这个×样，不如直接解散算了！”

Alex：“他们已经很努力了，你行你去踢啊！”

球迷：“我能踢就去拿这个钱了啊！他们连世界杯都进不了，还有存在的必要吗？”

Alex：“进世界杯没有一个过程吗？一支队伍都是一点一滴建起来的，无论他们水平如何，都已经代表了中国足球的最高水平！”

“哈哈哈哈哈……你说话真搞笑。”

PART 4

这事我可能做不好，你还是去找小明吧！（×）

一线的业务员小哈新入职了一家公司，才做了一周就崩溃了。因为他对接的客户总是向他提一些他从来没有接触过的要求。

小哈的某个客户很看重小哈，希望可以合作，但是希望能在常规的业务上新增一些产品的定制需求。小哈觉得有些为难：“这件事情我之前没有做过的呀。”

客户：“其实很简单的，我们从前和 × 公司合作，对方也可以做这样的定制。”

小哈：“我真的不是很确认能不能这样做，如果我做不好怎么办？

不如你去找 × 公司看他们能不能做吧？”

客户：“我还是第一次见到有生意不做，往竞争对手那边推的情况。”

小哈：“真的很抱歉，我可能做不好。”

林峰在公司是一个工作了多年的运营人员，但是工作了这么多年，与他一同进公司的同事升职比较慢的也是总监级别了，而他连经理都还没当上。原因是每次林峰的领导让他负责某个新的项目时，他都会战战兢兢地优先选择拒绝：“这件事情我没做过，不如你找 ×× 负责吧？”

领导：“你不会突破一下自己吗？”

林峰：“可是我真的做不好，不是会耽误大家的工作进度吗？”

领导：“……”

我可能做不好这件事，所以就推给别人。这样一个逻辑，让我们在很多情况下都错失了无数获得宝藏的机会。小哈错失了一笔订单，而小林则错过了升职加薪，更重要的是，他们都失去了一次突破自己的机会。

那么按照正确的逻辑我们应该怎么去做呢？

假设，当小哈在第一次接到客户任务时，他选择先不拒绝，然后打电话回公司问他的直属领导小赵，小赵在听到小哈的转述后，表达了自己也不太确定是否可以接受客户的要求，这个事情有一定的风险。然后小赵也没有选择拒绝客户的要求，而是打电话给自己的领导——公司大 BOSS。

最终由大 BOSS 确认，小哈可以承诺客户在产品上新增一个定制的功能，公司可以提出由单独的服务团队来保障订单的顺利完成。小哈、小赵在这里使用的逻辑是我们在前面章节曾经讲过的智力扩大。当自己觉得可能做不好这件事情的时候，先不要推给别人，而是从智力扩大的角度去寻找能够解决的方法。

那么在这一小节，我们想要表明的一个观点是——

你因为觉得自己可能做不好，从内心里产生排斥的情绪，惯性地将这件事情推给别人，除了自身对这件事情并不是很熟悉之外，还因为你在下意识回避这件事件带给你的疼痛感。因为缺乏自信，觉得自己可能做不好，不如把事情转给下一个人去完成，这样风险就自动转移到下一个人的身上。

这样对事物缺乏热感知的状态，可以称之为“青蛙现象”。

小黑板课堂

第十六讲

什么是青蛙现象？

19 世纪末，美国康奈尔大学曾进行过一次著名的青蛙试验：他们将一只青蛙放在煮沸的大锅里，青蛙触电般地立即窜了出去。后来，人们又把它放在一个装满凉水的大锅里，任其自由游动。然后用小火慢慢加热，青蛙虽然可以感觉到外界温度的变化，却因惰性而没有立即往外跳，直到后来热度难忍而失去逃生能力而被煮熟。科学家经过分析认为，这只青蛙第一次之所以能逃离险境，是因为它受到了沸水的剧烈刺激，于是便使出全部的力量跳了出来，第二次由于没有明显感觉到刺激，因此，这只青蛙便失去了警惕，没有了危机意识，它觉得这一温度正适合，然而当它感觉到危机时，已经没有能力从水里逃出来了。

因为不想做这件事，所以一直回避的你，就是在温水中慢慢煮熟的青蛙。

例子

小米买了一个罐头打不开，于是就拜托小张帮她拧开，不想小张却说：小王的力气比我更大，你去找小王吧。

小王要为篮球队找一名新的成员，所以他找到了以前打过篮球的小民，小民太久没打过球了担心自己打不好，所以就推荐了小风。虽然小民也不知道小风的篮球水平是怎样的。

你之所以感觉不到事物带来的痛感，是因为你的感知是冷的。

身边有一个相当好学的朋友曾经把人类分成了三种不同的状态：冷状态，温状态，热状态。

所谓冷状态，就是在任何刺激下都无法进行自我觉醒的人。无论身边的人呈现什么温度，都无法唤醒这个人对事物的痛感。而温状态，是指通常都不会主动唤醒自己，但如果身边有状态很热的人，他也可以呈现一种自燃的状态。而热状态的人，是对于事物无论大小都能感知到痛点，并且立即给出反应的人。

在上文里，小哈和林峰其实都是偏向于冷状态的，因为感知处于冷却的状态，所以对于外界的刺激反应并不强烈。而缺乏反应的根本原因则是：对自身的认知缺乏足够的了解，总在试探和退缩之间徘徊，同时伴随有依赖性人格。

所以，此生，你都将做不好任何一件事。

歪理说

我老家的人做农产品比我在深圳还赚得多！

飞机延误的时候我和一个富士康的阿姨被分配到了酒店的同一个房间。闲聊时，阿姨说：“其实我每个月工资也就六千元，在我们老家每个月帮人加工农产品至少收入上万的。”

我：“那你为什么不辞职回家加工农产品。”

阿姨：“我做不好的，我哪里能做得好那个。”

我：“加工农产品很难吗？”

阿姨：“说难也不难，就是比流水线上加工要累一点，时间要长一点。”

我：“既然不难，那你为什么不去做更赚钱的事？”

阿姨：“我觉得我做不了啊！”

……

我不太会跳舞，你们去找小花吧。

公司年会要排练舞蹈，行政找到了小思，希望她可以为公司的群舞出一份力。不想小思连连拒绝："你们别找我，我不会跳舞的。"

行政："大家都不会跳啊，我们有老师教的。"

小思："还是不要了，我就没有跳舞的天分。你们怎么不去找小花呢？听说小花学过两年舞蹈的。"

行政："可是你才是跟我们一个团队的啊，小花是财务部门的。"

小思摇头："可是我真的跳不好，要不我帮你们去问问小秋吧……"

Chapter 5

孤独病，抱团才有安全感，得治

过度在意别人的眼光，而失去自我的个性。一直戴着面具生活，心里渴望，表面隐藏。做人做事瞻前顾后，易精分易陷入自我的兵荒马乱。喜欢抱团的安全感，宁愿为此委屈自己，从而活成别人乐见的样子。变成这样该不该说你活该？

▶▶▶▶

Mrs.P 的开场吐槽：

脸上笑嘻嘻，心里哭唧唧。

◀◀◀◀

某年年会，恰逢家里有事，于是就打算请假不去参加了。毕竟互联网公司的年会常常就是浮夸又不实在的，几辆大巴将人拉到几百公里开外山清水秀的地方，吃三个小时的饭其中两个小时都是各级领导唾沫横飞的演讲时间。

为了避免群众们机智地请假逃避显得领导很没有凝聚力，所以在年会之前行政部门通常都会强调没有特殊情况的话，所有人都不得请假缺席。

同事小草刚好遇到那段时间家里老人生病而忙得不可开交，心里想着请个假还能抽点时间照顾照顾家里。但她并没有直接去请假，而是先挨个挨个地去问其他同事："你今年去年会吗？你今年年会请假不？你去不去年会呀？"小草的神情充满了期待，作风又相当诡异。每得到一次肯定的回答她都显得很失望："怎么只有我一个人不去年会？年会有那么好玩吗？请假在家休息多好啊！"

直到小草问到我这里，她眼前一亮，仿佛抓住救命的稻草一样抓住我的胳膊："哎呀妈呀，我终于找到同路人，可以一起请假了。"

我："哈？一起请假？"

总之两天以后，我的事情突然就提前解决了，这就意味着我可以不用在年会的时候请假。当我把这个信息告诉小草的时候，她差点跳起来："姐姐，你这是在放我鸽子啊？"

我表示相当费解："请个假又不是约会，算什么放鸽子？你有事直接按流程走请假程序就好了呀，为啥一定要拉个人一起？"

小草摇头："全公司就我一个人请假多不好呀，显得太特殊了，多几个人的话也显得人多力量大嘛。"

我表示相当无语："你这个逻辑角度倒还是挺清奇的了。"

"你别说了，快帮我看看还有没有别人年会想请假的？"无奈之下，我也神情诡异地跑去问了一圈，无果。

果不其然，年会的时候我看到了小草，并和领导在一起举杯说笑。在洗手间我们遇到的时候，小草飞过来一个大白眼："都是你放我鸽子，害得我不仅要来参加年会，还要脸上笑嘻嘻。"

我："……"

虽然我至今都不太明白为什么我不请假，就会导致小草也不能请假。因为这个逻辑无论从任何角度出发都是错误的，但这大约就是我们平常所讲的过马路理论吧。

所谓过马路理论：在没有红绿灯的路口，通常我们只有一两个人的时候是不会冒险过马路的。而当要过马路的人聚集多了的时候，大家就会自觉地组团走过去。虽然你过不过马路和别人过不过马路并没有半毛钱的关系。但是要死一起死，这倒是和小草拉着人一起请假的心理状态有几分相似。

PART 1

大家都这样说。如果我不这么说会不会遭人异议？→我也这样说。（×）

Candy是标准的95后，她喜欢明星××，喜欢星象占卜并对此深信不疑。但是每当她稍微提起一丁点关于星相学的事，身边的人都会不屑一顾地说："哎哟，你还相信这个呀。这世界上就只剩十二种人了呀，我们不符合这个性格就不是这个星座的人了吗？"

其实Candy知道真正的星相学是极其复杂的星象轨迹科学，有的人终其一生都未必能真正学明白，一时间也很难讲得清楚。所以Candy什么都没有辩解，只连忙摆摆手："我也只是随便看看而已啦，娱乐而已不用这么认真的。"

“我就说嘛，你好歹也是大学毕业，不会这么迷信无知的。”

Candy 暗自抹了一把汗，拿着茶杯去茶水间倒咖啡，刚巧又遇见一群女同事正在讨论流量明星的演技。

女生 A：“哎呀我觉得那个 ×× 不知道为什么那么多粉丝，也没啥演技呀？”

女生 B：“现在小姑娘都喜欢这种风格的吧，毕竟长得好看就行了嘛，管他有没有内在美呢。”

女生 C 回过头见到了 Candy：“你们正好能问问 Candy，Candy 你们这种 95 后的年轻人是不是很喜欢没啥实力光有颜值的明星？”

Candy 听到心里很不舒服，最终还是尴尬地摇摇头：“×× 其实也就一般吧，我平时也没有时间去追星哎，不是很了解这些。”说罢 Candy 默默倒完咖啡回到自己的座位。

此时的 Candy 觉得自己很委屈，为了不在人群中显得格格不入，她要逼着自己赞同所有人的观点，哪怕明知道大家都是错的。Candy 的这种状态，其实就是从众心理的其中一个现象，我们称之为：口服心不服。

所谓从众心理，学术名称 Herd Mentality，意味着个人在受到外界人群影响的情况下，自身的言行认知和判断都会表现出符合大众主流的行为方式，从而失去其个人的独立特质。

Candy 明明对星相学有相当程度的研究，但因为大部分人认为星座之说是无稽之谈，所以她选择了沉默。明明心里很喜欢某位明星，但是因为身边的人都不喜欢，所以也选择了沉默。

而且 Candy 有位上司叫 Linda，Linda 个性比较强烈，因为职权的划分，她和新来的平级领导产生了一些摩擦。所以 Linda 经常会在私下里不断地吐槽对方："哎哟，我看那个林总外强中干每次开会就知道吹牛。"

"说是名企跳槽过来的，真那么厉害怎么不留在名企啊，到我们这个小庙来充什么大神？"

周围的人纷纷都表示赞同，同事 A："Linda 你讲得对，你说林总都入职一个月了也没见着有啥好的资源带进来。"

同事 B："天天都是官僚腔，尽折腾些没用的，不知道的还以为我们进了国企呢。"

Linda 转头看向 Candy："听说你以前和她还是同一家公司的？她以前表现如何？"

其实 Candy 很清楚，这位林总在上一家公司不仅是全公司业绩最好的员工，也屡次获评优秀员工奖。但 Candy 还是违心地说："是呀，不过我只是进去实习了三个月，和她不是很熟，没听说过她的事迹。"

众人纷纷点头："你是她的前同事都不知道她的成绩，那我们说得就一定没错了。"

Candy 暗自松了口气："还好自己说出来的话是大家都想要听到的。"

Candy 的个性就是被迫地从众，用无法说服自己的言行去换取群体中的安全感，我们经常提到的墙头草就是这个意思了。

小黑板课堂

第十七讲

你之所以过度从众是因为在追求人群认可带来的淹没感。

心理淹没感，是指在没有锐气和独立勇气的时候，无视了自我个体的思考，选择了少数服从多数的行为，从而将自己的“与众不同”隐藏在众人的言论中。总的来说，选择从众大体是因为缺乏自信，惧怕特立独行带来的风险，更害怕承担责任。抱有“大家都这样，所以我这样就一定没错”的思想，最终也变成了群体中的“小透明”之一。

例子

高一新生选班长，大家互相都不是很了解。有几个新生在之前就互相认识，于是那几个新生表示会选自己小团队里其中一个人做班长。投票结束后，班主任发现全班一共六十多个人，有四十多个都将自己的选票投给了小团队里的那个人。虽然事先他们并没有什么过度的拉票行为，但大家都默契地选择了从众。

从众心理的关键因素解析。

关于从众心理的几大要素如下：群体因素，情景因素和个体因素。

所谓群体的因素，就是指发生从众现象的群体大小，社会学家相信群体的人数越多，个体被从众干扰的概率就会越大。群体就是出现从众的一个基础，但是群体因素也有例外，那就是在群体当中有过多不一致的意见时，个体选择从众的概率会显著降低。

而情景因素是与外界的刺激和时间有关系的。从众的刺激性是指在群体环境下透露出来的一些模糊的、不确定的信息。而时间方面，从众更容易发生在群体交互的早期阶段，也就是大家互相都不太熟悉的阶段。

而个体的自信、能力、知识经验都和自己是否更容易出现从众心理有关。自信心不足、能力学识较低的人更容易从众，例如在学校的学生、教育程度不高的村庄等等。

综上所述，我们平时是否会出现从众心理，其实是一个倒三角形的漏斗。群体因素是从众的最大基础，在此基础上群体交互的时间和个体所接受到的外界信息都会对从众心理产生推波助澜的作用。

但是归根结底是个人，当前面两点因素都恰好出现的时候，你是否还有足够的自信心和学识来支撑自己表达一个独立的观点呢？

选择做个小透明，还是选择做回自己，这值得我们所有人去思考。

歪理说

你怎么吃泡面呢，太不健康了!

林峰工作繁忙，时常加班。加班的时候肚子饿了就泡一碗方便面，快捷又方便地解决一顿饭的问题。

同事：“你怎么吃方便面这么不健康的事物啊？全是防腐剂。”

食品生产学专业的林峰一开始还很努力地解释：“方便面是脱水工艺加工的，从面饼到调料包其实并没有含防腐剂。”

同事：“哎哟，怎么不含防腐剂，所有人都知道方便面有防腐剂啊。”

林峰：“你怎么知道方便面含了防腐剂呢？你检测了？”

同事：“这个不是常识吗？不信你去问问别人？”

几乎每一次林峰吃泡面都会发生以上的对话，泡面不安全，泡面不健康，泡面里面不知道加了什么东西要少吃。时间长了林峰就渐渐不在公司吃泡面，而是改点又贵又难吃的快餐了。

过了段时间，新来的实习生加班在公司泡了一碗面，林峰拎着外卖袋路过，歪着头看了实习生一眼，语气诧异：“哎，你怎么吃泡面呢，这也太不健康了！”

实习生：“其实泡面里真的没有防腐剂，也没有其他不好的东西啊，我们在大学里做过实验了。”

林峰语重心长："年轻人平时要多听听过来人的意见，不然真的会吃亏……"

再不结婚我死给你看！

年过三十的达达春节回老家又被催婚了。

起因是参加亲戚聚会，被其中一个亲戚催婚，到最后变成了一群亲戚催婚。达达的亲妈最后还当着一群亲戚的面说："你今年要再不领个女朋友回来，我就死给你看算了！"

达达表示你们再这样，我真的压力山大。

回到家达达百思不得其解："妈，你之前不是说我不着急结婚没关系的吗，怎么今天又要催我。"

老太太翻了个白眼："之前是之前，现在是现在，你看今天有多少人替你着急，你自己一点都不急的吗？"

达达："可是妈妈，之前你说过婚姻是一辈子的事，要我慢慢找个好的姑娘啊。"

老太太："我想了下觉得今天大家说得也挺有道理的，再不谈恋爱你小心别人嚼舌根啊！再说你这么大了还不结婚，大家看我们家的眼光都不一样了……"

达达："我的幸福不重要了吗？"

老太太："就是为你的幸福着想，所以大家都很着急你为啥还不结婚。"

PART 2

好丧，发个朋友圈吧。
可是朋友看到会怎么想？老板看到怎么办？
→算了，不发了。（ × ）

小幂找到自己的闺蜜花花投诉：“你是不是对我屏蔽朋友圈了！”

花花一脸委屈：“没有啊，我屏蔽谁都不会屏蔽你呀。”

小幂：“鬼才信呢，我十分钟前才看到你发了朋友圈，这会儿倒回去想细看居然不见了！”

花花：“哎，那条朋友圈内容太过于负能量了，我担心被人拉黑所以给删除了。”

小幂：“那你还发出来干啥？”

……

花花最近失恋情绪不是很好，而且陷入了一种：我情绪不好想发泄但是又不想让别人知道自己很沮丧的状态。

上午那会儿，花花突如其来地领悟到："男人都是大猪蹄子！"然后她准备发一个朋友圈好好吐槽一下前男友的种种渣男行为。刚打完字，突然想到自己的爸妈在微信里，看到又该说自己说话没轻没重了。刚想分个组吧，花花又想到自己同事也在微信里面，那么多人要全部分组的话工作量实在是太大了。而且领导也在自己的微信里，只屏蔽领导不屏蔽同事也不太好。

这话要是发出去给他们看到了，父母会担心自己的情感状态吧？同事会嘲笑自己情绪不稳定吧？领导会觉得自己没有在认真工作吧？纠结到最后，花花还是将自己没来得及发出去的朋友圈给取消了，同时转发了一篇她觉得很正能量，事关努力工作激情奋斗的公众号文章。

发完朋友圈后，花花觉得自己有一种才华无处施展的感觉，实在是委屈。但是作为一个年轻刚进社会的小姑娘，她实在需要维护自己在众人面前的形象啊。

花花这样的心理活动其实就是著名的"聚光灯效应"。

我们在前面讲过"缺陷的放大镜"理论，是针对其他人的。而季洛维奇和佐夫斯基在 1999 年提出了"聚光灯效应"这个名词，则是针对我们更主观的自身情况。

我们有时候总会在不经意的时候将自己的问题放到无限大，当我们觉得出丑的时候总会觉得身边的人会一直记得这件事情，但其实人家也许根本就没注意到，也许注意到过后又很快忘记了。

其实无论花花在朋友圈发的内容是很沮丧的，还是很正面的，大家看看也就过去了，能记得住这些细节的人真的是少之又少。换句话，你自认为很严重的问题，在别人的生活里其实就是无足轻重的一个影子，偶尔能注意到一点罢了。

聚光灯效应在现实生活中也是同理的。

小青姑娘骨子里有一些叛逆，所以她一直都有一个小小的愿望，那就是给自己的手臂文一个漂亮的图案。

但是，小青姑娘的花臂愿望一直没有实现。为什么呢？她总是害怕被身边的人说道。

经常的情况是她已经订好了文身师傅，选好了图案，在文身的前一天晚上突然就害怕："这个文上去会不会影响我谈恋爱？"

"我以后的男朋友会不会嫌弃我？"

"我的公司会不会认为我是不良人士？"

"要是夏天回老家遇见亲戚了怎么办呢？"

"还是先放弃吧，等想好了再说……"

周而复始，从 18 岁的小青姑娘到 28 岁的小青姐姐，她还是没能文上自己梦寐以求的花臂。

小美在某天聚会的时候不小心在朋友面前摔了一跤，事后小美觉得实在是太丢脸了，所以一连两个月，小美都没有主动和朋友出去见面。朋友相当疑惑："你怎么最近不找我了呢？有那么忙吗？"

小美："没有呀，就是工作忙而已。"内心 OS：我在你面前丢尽脸了，不好意思见你啊。

事实上，小美的朋友早就把小美摔跤的事情给忘记了。

上文中的花花和小青都是在主观上将聚光灯停留在自己身上过长时间，从而导致判断的强弱出现误差。而归根结底，出现这样的原因是因为他们太过于看重自身的缺点，也就是对自己太过于挑剔了。

小黑板课堂

第十八讲

价值捆绑是出现聚光灯效应的根本原因。

所谓价值捆绑是将自己个人独立的价值观与大众的价值观进行主观上的吻合，企图消灭自己的个性来适应主流价值观，是一种缺乏自我判断的低认知行为。因为无法自我判断对错，所以通常引用了大众的价值观来作为自己行事作风的标准。

例子

公司组织去海边旅游，年长的女同事都带了比较保守的泳衣，而腿长肤白的柠檬只有比较性感的比基尼，柠檬怕引起非议，所以她也特意买了一件很保守的泳衣。

群体智商拉低个人智商，个人价值观更能体现个体价值。

心理学家弗洛伊德曾经将人的精神分为本我、自我和超我三个部分。其中，自我是指建立在纵向逻辑思维之上的自我意识，而本我则代表了大脑中最蠢蠢欲动的那部分欲望。

在日常生活中，我们之所以具备理智，是因为自我部分会下意识地压制住代表着欲望的本我部分，不会看到不喜欢的就骂，看到恶心的就打，以此来控制自己的言行在一个正常合理的水平范围。

但是当我们到群体中时，因为出现了不同程度的价值捆绑，这种自我部分的判断就变得没那么重要，在群体中价值捆绑会取代个体的自我部分去作为言行的衡量标准，因为“既然大家都这样子，那就是没错的”。

但是我们需要重视的是，当这个群体大部分人都失去了自我的压制时，群体的智商大部分时候都会低于个体智商。

这也代表着——如果你过度重视群体对你的评价，是拉低自己智商的一种表现。

比基尼很好看，因为害怕别人的评价所以不敢穿。

内心渴望着吐槽，因为害怕别人的异议所以不敢表达。

其次，长时间的价值捆绑同时也带来了认知水平的降低，这同时意味着你个体原本具备的基础判断能力是在下降的。这个原因我们前面提到过，当个体融入群体的时候，自我精神的控制能力会降低，而自我精神恰恰是一个人认知水平最基础的部分。

Kevin Kelly 曾经在著名的《失控》中提到过蜂群思维，与我们在这里讲的群体智商有些许程度的吻合。在一个蜂群中，工蜂是不需要任何思考的，他们的认知和思维轨迹与整个蜂群进行了绑定，所以工蜂能够处于一种极高效率的工作状态，但同时工蜂也是最不可能出现个体行为的，最没有自我的生物之一。

蜂群思维是让蜜蜂能够存活下来的思维基础之一，因为蜜蜂的生存更依赖于群体的组织结构和群体协作。但如若我们人类也在群体思维的绑架中失去了自我，好像蜜蜂一样将自己对世界的认知降低到群体的认知程度，那将是一件相当恐怖的事。

歪理说

交外国男友，别人会说闲话！

在上海工作的小菲结识了一个英国的男朋友，感情稳定，未来可期。谈了两年恋爱，两人准备结婚，小菲决定把男朋友带回家介绍给家人。不想父母听到后连连摇头："闺女，我们在去上海的时候已经见过马克几次了，人你就别带回来啦。"

小菲疑惑："这都要结婚了有啥不能带回老家的？我这又不是非法同居。"

母亲："我们家这个小地方，一年也见不着几个老外，你带马克回来，第二天就能出名了！"

小菲："我正常谈恋爱结婚，有什么好说道的？"

母亲："那不行，传出去别人会说得很难听的。"

小菲觉得父母的逻辑不可理喻，坚持带着马克回了老家。果不其然，小城里说小菲闲话的人越来越多了，甚至传出了"小菲在上海做的是不可描述的工作"之类的谣言。

第二年，已经和马克结婚的小菲提出春节就留在上海过，不回老家的建议。

马克百思不得其解："为啥不回去？"

小菲："你是老外，回去的话别人看到又要说闲话了。"

马克流汗："我是老外是我的错咯？别人的看法就一定正确吗？"

我有很多 Prada 包包，但是我不能背！

温小雅是个漂亮的富二代，漂亮又有钱的女生都喜欢买好看的衣服，还有收藏各种包包。但自从温小雅面试了一份公司前台的工作后，身边莫名其妙就多了很多的流言蜚语。

公司洗手间，女同事 A："那个新来的前台你们都见过了吧？"

女同事 B："见过了，怎么啦？"

女同事 A："你还不知道吗？有人说她是老板的小老婆。"

女同事 B："我听过啊，不过不是小老婆，有人说她是老板的私生女来着，听说她开的车是帕拉梅拉。"

女同事 A："反正肯定是有关系的，你见过前台文员天天不同色的 Prada 背着来上班吗？我看过了，那可都是真货呢！"

躲在洗手间格子里不敢走出来的小雅："……"

很快温小雅就被领导叫去谈话了："你看我们是一家传统的文化公司，其他同事都穿着质朴得当，你每天那么打扮好像不是太合适呢。"

小雅："我不会让您难做的，领导。"

第二天，温小雅穿着简单的衬衫和西裤，一脸素颜地来上班了，还特地把自己喜欢的Prada贝壳包换成了一个看不出牌子的妈咪包。甚至，她放弃了开车，选择了坐地铁来上班。

下班聚会，朋友驾车来接她，差点吓一跳："小雅，你怎么大变样了？"

小雅："我也没办法啊，打扮得太引人注目不适合在公司上班……"

朋友："你怕什么啊？"

小雅："那不行的，同事看到会八卦，领导看到也不高兴……我得努力融入集体才行啊！"

PART 3

本来就是月光族，哪还有钱捐给别人？
可是大家都捐了呢！
→还是捐吧。（×）

刚工作没多久，小牛是个在温饱线徘徊的月光族，经济可以说是相当紧张了。偏偏在月底财政马上面临赤字危机的时候，公司的一位同事家里出事，人事部开始在公司号召大家捐款。甚至，不嫌麻烦的他们还做了一个内部捐款的网页出来，直接用员工系统登录付款，捐助多少钱居然都能看得到。

小牛在人群中沉默，看了眼自己银行卡里的余额，心在滴血。

捐吧，月底最后一周怕是要挨饿了；不捐吧，身边的同事都陆续开始奉献爱心了。而且捐款页面是公开的，谁捐谁没捐都一目了然。

想了半天，小牛最终将自己最后一周的生活费给捐了出去，整整一周时间，同事在午饭时见到小牛都很吃惊。

同事 A：“哎哟，你吃这么简单啊？”

同事 B：“你吃这么点就能饱了？”

“减肥，我减肥……我排毒……”小牛嘴里嚼着馒头泡菜无奈地说。一个星期后，小牛因为饮食方面过于“随意”，胃溃疡复发被送进了医院治疗。

从某种角度来将，小牛是在仓促的情况下被迫做出了自我牺牲。

个人的自我牺牲价值可以分为两种情况：1. 经过了思考判断，自愿做出了牺牲。例如：我知道要完成这件事，一定要付出代价，我经过了思考愿意牺牲并且可以承受牺牲带来的结果。2. 迫于形势不得不做出自我牺牲。例如：大家都这样做了，大家都看着我，如果我不做出自我牺牲的话，会被别人瞧不起的。

而我们时常被迫做出的自我牺牲在这里不需要说一些极端的例子，因为在生活中已经很常见了。

李莹和寝室的女生约好一起去图书馆备考研究生，她本来已经做好了要在图书馆泡一天的准备，不想中午的时候，同行的几个女生突然说好饿，要去逛街吃饭，并且一定要拖着李莹一起去，因为有家餐厅五个人团购会很便宜，李莹不去的话她们就会少一个人凑不成团。

对着一堆还没整明白的学习资料，和一众女生期待的目光，李莹泪目，虽然她真的不是很想去，但是如果自己不去另外四个女生就无法用便宜的团购价吃饭了。所以也只能收拾好书本跟着去逛街。

在美国留学的小琴，因为太过思念家乡的特色零食，特意托家里国际快递了一箱零食过来。珍贵的零食小琴是打算留着自己慢慢享用的，不想周末的时候住在隔壁的一群留学生过来小琴租住的公寓串门，见到这些大包小包的异国小食，垂涎之情溢于言表。

“我可以试试你的零食吗？”其中一个朋友眼巴巴地问。

“可以呀，你们都可以试试……”小琴心里流着泪将零食分给了大家。当留学生们离开小琴的公寓时，一包零食都没给小琴留下。

自我牺牲通常会在牺牲过后实现部分价值，在上面的故事里，小牛的自我牺牲是有价值的，价值在于他也许可以为挽救一条生命而献出一点微薄的力量。但他的自我牺牲同时也是无价值的，因为他同时付出了更巨大的代价。

李莹和小琴的自我牺牲也是有价值的，换来了更好的人缘和人际关系。

但同时，被迫自我牺牲也是人类最可笑的意识之一——在自己都无法满足的情况下，为何要去满足别人？

甚至从生物进化论的角度出发，越是具备自我牺牲特质的个体就越不容易在世界上留下自己的基因。所以下次，我们在紧急情况下被迫要做出违背自己意愿的事情时，不妨先合理地进行利己。

小黑板课堂

第十九讲

实现价值并非一定要通过自我牺牲。

社会学家认为，人往往做出自我牺牲，是因为在自我牺牲的过程中，可以证明自己的个体价值。但清醒地说，个体实现的价值更多的并非是因为自我牺牲而实现的。

例：小明买了一份早餐，在路上遇见同样没吃早餐的小红。小明将早餐给小红吃，而自己饿了一上午肚子。小明为了避免女生饿肚子，所以选择了自己饿肚子，因为小明是男人，男人吃点亏不算什么。但是小明的行为是通过牺牲自我而实现的，他完全可以通过其他方式去实现同样的价值，例如给小红再买一份早餐。

谋求个人的正当利益并非自私的表现。

而在上面的故事里，之所以出现了自我牺牲的情况，是因为主角本人在潜意识里对自己的“不接纳”。因为潜意识无法接受自己的本能会优先选择照顾自己，所以努力地在牺牲和付出，以此来证明自己的某部分想法是错误的。

但是所有的自我牺牲都是基于人性的道德体现，与生物的基因是无关的。甚至从进化论的角度出发，利己主义往往能够提供生物的生存概率。在森林里，一头老虎如果因为同情受伤的狮子，把自己的食物分食给对方的话，自己就会承担经受饥饿的风险。

而我们时常挂在嘴边的天性善良其实并不存在于天性里。

在飞行途中，如果遇到飞机激剧降落出现失压的情况，通常我们要求首先替自己戴好氧气罩，再去帮助身边的其他人。这是因为如果我们因无法及时戴上氧气罩而昏迷，那么我们也就谈不上要去帮助别人了。

所以利己主义并非就是自私，这是一个相对简单的道理，因为你首先需要在合理的范围内满足自身的需求，其次才能再考虑别人。

个体的存活状态和质量，永远是进化论中的基础课题。

歪理说

我还年轻，把机会让给年纪大的同事吧。

事业单位工作的小于能力相当出色，刚参加工作两年就被领导推荐去进行专业培训参加考试，而培训的成绩将会是年底晋升加薪的考核标准。

考试结果下来，不负众望，小于和另外一名年近四十的同事并列第一。

可是年底晋升的名额只有一个，本着培养年轻人的原则，领导原本打算将晋升名额直接分给小于。

办公室里人云亦云，大意就是长江后浪推前浪，前浪拍死在沙滩上。老黄一大把年纪还是个科员，一家人要养，日子真是不好过。

小于听到了，左思右想终于艰难地在会上提出："把名额让给老黄吧，我还年轻明年接着考就是。"

众人哗然，老黄眉飞色舞，领导皱了皱眉头，年底的时候将名额分给了老黄。

而第二年送去培训考试的人里，理所当然是没有小于的。

要知道晋升名额每年都很紧张，有时候你想去参加学习考试都不一定有这个机会，而小于却因为缺乏利己思想，错过了难得的晋升机会。

你们先走吧，我等下一辆车。

Coco 和公司同事一起合租在一套房间里。某天大家上班都快迟到了，五个同事只打到了一辆出租车。

司机：“你们最多只能上四个人，超载我是会被罚款的。”

大家面面相觑，不知道应该把谁单独留下来再等下一辆出租车。

Coco 挺身而出：“你们都赶紧上车吧，赶紧的，我再等等看能不能再拦一辆车。”

同事：“这样多不好呀！”

Coco：“有什么好不好的？你们赶紧走。”

最后 Coco 因为没有及时赶到公司，迟到了整整半个多小时，被罚钱不说，还在周会上被领导点名批评。

PART 4

我们不一样！（×）

大牛说："那个新来的小刚，和我们不是一路的，都不要理他了！"

大牛是A市分区的领导，和B市的分管领导有相当强烈的个人矛盾，所以从B市出差过来临时办公的员工小刚自然就成为了炮灰。

于是办公室里就形成了一种默契：不和新来的那个人说话。办公室一共四十个员工卡位，在职的三十名员工坐在东边，新来的那位坐在西边。他们也从来不叫小刚一起吃饭，在电梯里遇见了可能连头都不会点。

小刚："你们知道这附近有什么地方可以吃饭吗？"

员工："不知道，你自己看看美团外卖啊。"

小刚："你们这里有啥好玩的没？周末一起去玩啊！"

员工："我们平时就是上班，没怎么出去玩过，你自己查百度啊。"

小刚表示自己很无辜："对面的朋友们，你们看到我了吗？所以我做错了什么？"

大牛表示："有必要对你热情吗，你只是过来临时办公的，业务上也没有交集，认不认识都一样。"

小刚："……"

出现以上这种情况，是因为公司其他三十名员工都害怕大牛所以不理会小刚吗？事实并非如此，几乎所有人都是在同一个时间段默契地达成了协议：小刚和我们不是一个团队的。

人类祖传基因里天生就带有"警惕外来者"这一项。那是因为在人类进化的初期，时常警惕外来物种的攻击，抢掠食物和领地的侵犯。而这种强烈的基因也延续至今，形成了我们的一个心理状态——在固有的群体中，一旦有新增个体的加入，我们基因中的警惕感就会被激活了，而一旦警惕机制判断这个人是和自己这个群体不同的，那么群体就会默契地启动孤立机制，将个体与群体进行隔离。

大牛认为小刚是从自己竞争对手那边过来的，所以小刚和自己团体里所有的人都有区别，隔离他没商量！

而当群体孤立机制启动之后，假设默认的孤立条款是不和这个人说话就好了，但为了表示自己对团队的忠诚，个体偶尔还会出现独立自发的强化孤立的行为。

小菲是个有点微胖的女生，但和其他成绩普通的女生没什么不同，规规矩矩地上课，做着自己应该去做的事。但是小菲在转学之后，却陷入了被孤立的境地。女生们会成群结队走在她身后叽叽喳喳地嘲笑她，调皮的男生会趁小菲不注意扯她的衣服和头发，而其他人都在旁边哄堂大笑。

小菲含泪表示："我不知道自己做错了什么，毕业的时候写同学手册，几乎所有的男生都在嘲笑我。"

小菲因为是从其他学校转入的，所以被群体排斥孤立，这是"外来"带来的群体警惕机制。

而这个群体里的个别男生，为了强化自己在团队里的忠诚属性，时常对小菲进行不友好的行为。这个行为，我们也可以称之为：强化孤立行为。

通常我们认为强化孤立行为之所以出现，是因为在这个个体的潜意识中同样存在着被群体孤立的恐惧。

小黑板课堂

第二十讲

群体活动中的社交拒绝，是因为你也害怕被孤立。

在心理学上，孤立他人是一种社会拒绝（Social Rejection），指的是将某个人故意排斥在某一社会关系或社会交往之外。而作为个体，在明知道这样做也许不对的情况下，依然坚持出现从群状态的根本性原因是因为需要向群体展示：因为我的行为和你们是一样的，所以我是这个团队里的一员，你们不用来孤立我了。

当你选择和团队一起孤立某个人或某件事的时候，这意味着你寻找的是一个团队的庇护感。

例：小区里的一群胖太太每天聚在一起跳广场舞，有一天小区里新来了两个老太太，一个胖，一个瘦。广场舞这个群体一开始是排斥两个老太太的，但后来大家很快统一了战线只排斥了那个很瘦的，而原本新来的那个胖的已经融入了群体，于是迅速转变方向，和大家一起去排斥和自己同一天参与进来的瘦子。

这就是一群胖子对一个瘦子的排挤。而新来的那个胖子因为不断增强了自己的团队行为——和其他人一起排斥瘦子，所以她避免了被团队孤立。

你并不需要和这个世界强行发生关系。

哪怕我们身处一个社群社会，需要遵从社群的价值观，遵循着社群规则去生活，对我们大部分的人来说都比做一个“独立特行”的人更容易。

但是你并非需要和这个世界去强行发生关系——仅仅是为了获得群体的庇护感而去伤害与自己不同的人，这本身就是一种懦弱的行为。而懦弱本身意味着个体的脆弱。

但是作为个体，你首先要做的是承担所有自身选择带来的责任和风险，而并非是将责任和风险转嫁到群体上，然后你就可以在某一天像个心智还没有成熟的儿童对别人说：这不是我的错啊，大家都是这样的！

歪理说

你每天加班那么晚，所以我们没有叫你一起玩！

小黑最近因为工作上的事情忙得天翻地覆，别人每天都是 6 点准时下班，而他经常孤零零一个人熬到 9 点之后。

慢慢地，小黑发现自己已经被这个集体给遗忘了。

老板：“哎，听说你们部门这个周末约好要去澳门玩呀？”

小黑：“我不知道啊！”

老板：“居然没告诉你？”

小黑找到一个关系看上去还不错的同事：“你们周末要去澳门玩？”

同事：“你咋知道？”

小黑：“居然都不叫我的……”

同事：“大家都说你挺忙的，就没有叫你了。”

你有男朋友了，和我们这群“单身狗”不能比的。

小花自从找了个校草男朋友以后，就发现寝室里的姑娘们都不爱她了。

晚上小花约会完回寝室，发现三个姑娘都在玩吃鸡游戏，她兴致勃勃地说要加入，但是没人响应。尴尬的小花只好自己开局，和不认识的人凑了一队。

往常都是寝室里四个女生一起去食堂打饭，现在变成了三个人去吃饭，留下小花一个人在寝室里一脸蒙。

“你们是不是对我有啥意见啊？”小花疑惑地问室友。

“没有啊，没有意见啊。”室友连连否认，“毕竟你现在有男朋友了，我们是“单身狗”，生活节奏不一致的。”

Chapter 6

对比并非判断事物的优劣标准

没有对比，就没有伤害，对于事物优劣性的判断，往往会因为引入了对比而得出不同的结论。这种无比较基础的对比会对我们的判断产生实质性的干扰。一般来说，在非选择领域，对比常常会催生烦恼，造就不满足的膨胀欲。所以当你在日常生活中，开始频繁使用对比来做出决定时，通常你的决定会是错误的。

►►►►

Mrs.P 的开场吐槽：对比可以解决很多问题？别让自己掉进了人比人气死人的坑里。

◄◄◄◄

某日回家，我家老太太坐在沙发上，气定神闲地说："我今天遇到隔壁老张了，他今年春节不在深圳过。"

我："啊，他去哪儿？"

我妈的神情有些幽怨："他儿子要带他去日本度假。"

话音刚落我就意识到大事不妙，立马机智应对："日本有啥好玩的，今年过年我带你去欧洲七日游行不？"

“哎哟，别瞎花那个钱了，你还年轻多存点钱，还有那么多房贷要还呢。”我妈面色稍见缓和，“咱们家也不是说别人有的我们就非得要有。”

我当场点头表示欣慰，然后吃过饭她就默默地把自己的护照给我了……

从欧洲回来，老太太并没有在出国旅游的喜悦中沉浸太久，她很快又陷入了新的纠结：“你看包包的外婆啊，平时不用带孩子，她女儿给买了辆车没事就出去自驾游去了，想去哪儿就去哪儿，我想出去玩一下还得看你的时间，一点都不开心。”

我：“你知道啥叫人比人气死人不？”

老妈继续沉浸在自己的世界中：“主要还是因为包包的妈妈嫁得好，包包他爸是做房地产开发的老板。你看你老公吧，人是个老实人，就是……”

我大惊失色：“你想要自驾游就直说哎，我明天去驾校给你报名去。换老公这事儿我可做不出来！”

我妈瞪了我一眼：“我啥时候叫你换老公啦？我就是看到别人家的情况，再看看自己家的情况，说一说而已。人都是想往高处走的，所以你们打算什么时候创业？现在薪水是不错，但是总比不上自己做生意好吧？”

我出了一身冷汗躲进了房间，看到欧洲游也没让我妈停止对比，从日本对比到欧洲，从欧洲对比到自由行，然后再对比到别人家的老公都是老板了，我们家为啥一直没有创业的打算。

这种无止境地去更换参照物进行对比，是一串莫名其妙的判断长链。

如果有一天我妈突然嫌弃房子太小，没有我那些富豪亲戚的别墅大，我怕是只能天天买彩票烧香拜佛，祈祷双色球中个头奖，好让我在深圳凑够一套别墅首付的钱来。

真是人比人害死人！

PART 1

小强考试双九九，隔壁小明考试双百分→小明比小强优秀。(×)

小强的童年阴影是每次考试都比邻居小明差那么一点点。

期末考试小强使出吃奶的力气数学和语文都是 99 分，明明是个皆大欢喜的成绩，拿回家被自己老爸翻了一个白眼：“才 99 啊？你知道隔壁小明考了多少吗？小明的妈妈说他这次考了个双百分的哦。”

原本兴高采烈的小强顿时一下就闷闷不乐了。

这时小强的妈妈下班回家了，看到小强的成绩单，抱着他亲了口："乖儿了你真厉害，居然都能考99分！差一点点就双百了呢！"

小强的爸爸在旁边说："厉害什么，小明这次就是双百。你儿子还有继续上升的空间好吗？"转头又对小强进行教育："你看为什么小明能考双百分，而你就做不到呢？你应该更加努力，变得和小明一样优秀才行。"

小强拿着试卷回到房间，委屈巴巴地哭了一个晚上，开始怀疑起自己的人生。

那么小强真的不如小明优秀吗？事实上是未必的——

小强就读于重点小学，这次期末考试老师出题的难度相当高；而小明就读于普通的小学，期末考试时老师出题难度相对较低。小强爸爸不知道的是，如果把小强的试卷拿给小明去做，那么也许小明只能考个80分左右。

我们往往在把事物进行对比时，并没有事先考虑过事物比较的基础指标是否一致。这里就会存在一个逻辑上的错误——你只进行了对比，但未曾进行对标。

这里的对标是指水平指标关系上的比较，那所谓水平对标是什么呢？是指我们在进行两件事的竞争之前，首先要进行指标上的对比。这就好像是拳赛规则，轻量级的选手只能和体重在一个级别里的选手对打，因为大家的基础指标是接近的，只有在基础指标接近的时候，彼此的竞争关系才能做到相对公平。

如果一个重量级选手和一个轻量级选手在一起比赛，我们认为这是不公平的，也没有可比性。

看到这里，大概会有人说，如果小强和小明是做的同一张试卷的情况下，小强比小明少了一分，这是不是就可以代表小明比小强优秀了。

在这样的情况下，其实依然无法说明任何问题。

除非我们将小明和小强整个学期的学习时间记录下来，让两个人在完全相同的考试环境和完全相同的考试状态下进行期末考试得出的分数：分数 / 学习时间 = 单小时学习回报。然后再来判断谁的成绩相对更好才是合理的。

但这样的情况下，又也许因为小强在大部分学习时间里受到了邻居家电视机声音的干扰，而无法全心地进入学习状态而影响成绩。

所以在以分数论优秀这个环节，永远都做不到完全的公平。更何况，分数本身只代表了成绩，并不代表一个人综合的水平。

我们再来看一些常见的故事。

小蔡和小羊是好朋友，他们同时从国内一所 985 大学毕业，也几乎在同一时间走上工作岗位。五年之后，小蔡在公司已经是副总经理了，身价百万。而小羊则是一家公司的董事长，身价上亿。

参加同学聚会的时候，小蔡在大学时暗恋的班花一直待在小羊的身边，又是敬酒又是奉承，完全不看小蔡一眼。

小羊开玩笑："你去和小蔡聊聊天吧，人家暗恋你好久了。"

班花眨巴着大眼睛，扑哧扑哧地扇着假睫毛，一嘟嘴："人家喜欢的是你，你怎么一直都不明白呢？"

看到这里，小羊明不明白我不知道，但是我们都明白了——这个班花是个势利眼，看着谁发展得最好，就优先去选择谁。抛开人品不谈，班花这样对比两个人的发展程度，逻辑是否成立呢。

小蔡出生在一个普通家庭，父母都是国企单位的职工，每年拿的是一份死工资，退休后拿的也是固定的薪水，小蔡能有今天的成就靠的只有自己。

而小羊是个煤老板出身的富二代，出来工作一年后在父母的支持下就开始创业，他完全不在乎自己创业是否会失败，终于在第七次创业的时候把公司成功做上市了。

如果把小羊和小蔡的家境互相调换一下，以小羊的能力根本不能让自己在五年内做到一家公司的副总经理位置，因为在别人的企业里工作，你连一次失败的机会都不会有。

这个故事里，小蔡和小羊的家庭条件就是指标，双方的指标基础完全不在同一个水准线上，所以双方的竞争联系也是无法建立的。也就是说，即使小羊是董事长也不能代表小蔡这个副总经理不够优秀。

小黑板课堂

第二十一讲

不对标只对比，是耍流氓。

你将两件事物放在相互竞争的关系里时，未曾考虑过双方是否有可以放在一起比较的基础。著名的寓言《龟兔赛跑》讲的就是一个只对比不对标的故事。首先兔子和乌龟从生理结构上就不在同一个有可比性的标准值下。如果我们把这个故事重新讲一遍，兔子从来没有偷过懒，那么乌龟在客观上来说是永远不可能超越兔子的，除非乌龟是个富二代，可以开车。而兔子非要拉着乌龟赛跑，兔子就是在耍流氓。

例：小黄全款买了一辆二十万的车，小李花了二十万首付买了一辆四十万的车，小李比小黄更有钱。

单一数字的对比，是逻辑学里最没有逻辑的对比方式。

为什么会说数字之间的对比其实是最没有逻辑的呢？老廖阿姨去菜市场买水果，面前是两种橙子，一种是价格更贵，万水千山漂洋过海才来到这里的进口橙；另一种是本地产的，便宜的普通橙子。我们假设老廖阿姨会以价格为标准去选择橙子，那么就会出现以下两个情况：

1. 老廖阿姨选择贵的进口橙子。

2. 老廖阿姨选择便宜的本地橙子。

那么老廖阿姨要如何证明自己的选择是正确的？结论就是她无法通过单一的数字去证明自己的选择是 100% 的正确。如果老廖阿姨选择了贵的进口橙，我们可以说一分钱一分货，物以稀为贵，贵的就一定是好的。如果老廖阿姨选择了便宜的本地橙，我们还是可以说老廖阿姨选得很好，因为经济实惠，关键是水果很新鲜。

这样去比较，完全就没有逻辑可言的嘛！

归根结底，橙子和橙子之间的比较，压根就不能单独以一组数字来进行判断。因为这里涉及的指标太多，例如橙子的口感、甜度、含水量、营养成分的比例……这些都是我们在前面提到的“对标”。

从更主观的角度出发，如果老廖阿姨的宝贝孙子发话，这两种橙子我都不喜欢，以后你别买了！那么之前橙子与橙子之间的对比关系就完全不能再成立了，因为竞争的基础不复存在了。

歪理说

我的孩子生下来 8 斤半，你孩子生下来才 5 斤，我的孩子比你的孩子更健康。

LULU 和 CICI 是一对塑料姐妹花。差不多时间结婚，也在差不多的时间里怀孕。

孩子出生后，因为孕期太补了，LULU 的孩子差不多 8 斤半，快 9 斤重。而 CICI 的孩子体重在一个标准的范围，5 斤左右。

LULU 从此后就有意无意地开始提孩子的体重："我们家那个生下来都快九斤啦，大胖小子一个啊！"

CICI 听了默不作声，暗暗地责怪自己孕期反应太严重了，基本吃不下什么东西，所以孩子长得不够好。

从此后，两个人在大家的心目中就落下了 LULU 的孩子比 CICI 的孩子更健康的印象。CICI 的心里也有了疙瘩，总觉得自己家的孩子不够健康是自己的错。

一年以后，LULU 和 CICI 带着孩子一起体检，CICI 发现自己孩子的发育，无论从智商还是从身体的方面来说，都绝对不比 LULU 的孩子差。之前大家觉得孩子不够健康完全是因为体重的误导而造成的，因为体重不如别人家的孩子高，所以觉得不如别人家的孩子健康。

这就是单一数字对比带来的逻辑谬论。

同样的路，我一个半小时就到了，你用了两个小时，我的车技比你的好。

小石和小冼是一对好朋友，两个人有相同的爱好就是自驾游。

长假的时候小石和小冼约好了一起自驾游，各开各的车，去同样的地方玩。小冼开得快，一路加大油门，又是危险超车，原本计划 2 个小时的路程他一个半小时就开到了。而小石，不急不缓，遵守交通规则，到地方的时候小冼已经在那里等了半个小时有多。

小冼："哎哟，你还经常说你开车水平比我好，这次还不是慢我那么多？"

小石："开车水平和速度有关系吗？你以为你是鸽子在比赛谁更能飞吗？"

小冼："虽然我听不懂你说啥，但是你就认输吧。"

小石："去年一年报了三次车险的人是你吧？我一次都没有，你说谁的开车水平更好呢？"

小冼："我不管，反正我比你快！"

PART 2

同款化妆水 A：1000 毫升 /1000 港币
B：700 毫升 /700 港币
增加 C：礼盒装 700 毫升 /1000 港币
→ A(×)

小圆周末的时候去香港买化妆水，专柜的柜员向她推荐了两种不同规格的包装，一种是 1000 港币，包含 1000 毫升的分量，另外一种是 700 港币，包含 700 毫升的分量。也就是说两种包装价格其实是相同的，都是每毫升化妆水价值 1 港币。

然后这就难倒小圆了，到底是买大的还是买小瓶装的呢？左右为难之际，小圆看到旁边柜台上还出了一版这个品牌化妆水的限量包装，700 毫升的分量居然也要 1000 港币。她立马就有主意了：我就要 1000 元买 1000 毫升的，这样更划算的嘛。

店员对小圆的逻辑表示了赞叹："小姐平时我们都是这个价，没有贵或者便宜的区别，限量版会更贵一些而已。"

小圆："明明是你们普通版的更便宜。"

店员点头："你要这么说，当然也是没错的了，我现在就帮您包装起来。"

买到了化妆水的小圆可以说相当满意了，立马拍照发了个朋友圈："化妆水好便宜哦，1000 毫升的才要 1000 港币。"

闺蜜看到了信息立即回复她："你智障吗？平时也是 1000 毫升卖 1000 港币啊，哪里有便宜？"

小圆："今天限量版 700 毫升都要 1000 港币了哈。"

闺蜜："智障……无法沟通，绝交吧。"

乍一看小圆的操作其实没有任何问题，无论她买 1000 毫升还是买 700 毫升的化妆水价格都一样并没有吃亏。但是逻辑却是错误的，小圆错在哪里呢——当 AB 选项对比无法得出有效结论的时候，自动新增了一个 C。完全没有在乎新增的 C 和 AB 之间是否可以建立对比联系，C 只是作为一个炮灰的角色出现在对比的逻辑之中。因为 C 和 A 产生了差异，所以就选择对比起来更划算的 A 好啦。

这样的炮灰理论在日常生活中小打小闹倒也是无伤大雅，但实际上也会造成一定程度上的损失。

张彬彬的新房装修，要选空调。其中 1P 的空调是 1000 元，1.5P 的空调是 1500 元，张彬彬的房间不大，用 1P 的空调就足够了，但是张彬彬看到另外一个牌子 1.5P 的空调居然要 2000 元，所以他果断选择了这个牌子里 1.5P 的空调，因为 1.5P 的价格对比起另外一个牌子来说是更划算的，张彬彬美滋滋的，觉得自己可会过日子了。

这样做的结果就是，因为空调马力不合适，所以张彬彬在住进新家后耗费了更多的电量，每个月的电费都比正常使用要高一点，日积月累也是一笔不小的费用。

小圆和张彬彬在这里其实犯的都是同样的一个错误：自己制造了一套对比标准，使之出现差异化，从而得出看似更容易的结论。

小圆的需求里只有化妆水，并不包含限量版包装的要求。而张彬彬从一开始就没有打算要选择其他牌子的空调，换句话讲，他们俩都在积极地创造一个自己根本不会选择的新选项进行自我暗示和自我安慰，以此证明自己的选择是没错的！

小黑板课堂

第二十二讲

非需求选项会带来严重的判断干扰。

这一节的话题其实很好理解，如果你的选项里有从一开始就不需要去判断的内容，那么这个内容对你来说就完全没有任何意义，反而还会干扰你的判断。

例：YOYO 去相亲，相亲男 A 有钱又有房，相亲男 B 有钱又有公司，YOYO 一时间无法下决定，她参考了一下自己闺蜜的男朋友 C，没钱但是有房子。最后 YOYO 选择了 A，因为 A 和 C 比起来，虽然都是有房子的，但是 A 更有钱啊。

我们倾向于选择更有差异化的事物。

但凡出现在两个选项之间摇摆不定、不知所措的情况，这意味着你很有可能找不到两者之间存在的差异性。然后通常我们就会自行去引入一个新的标准，以此来寻找一个差异化的距离，帮助我们做出更容易的选择。

但是当你因为无法选择，而去自己增加一个选项自定规则的时候，就会导致你先前对已有选项的所有判断陷入一种逻辑体系混乱的情况。

因为这个新的标准只是为了新增一个差异条件，而这个差异条件原本就不应该是你会去考虑的。

著名的动画片《小猪佩奇》里曾经出现过这样一个桥段，在游乐园里因为年纪更小的孩子不愿意排队，诱发了直到最后几乎所有的小朋友都开始自己制定规则，说服大家自己也是可以不用排队的，于是在游乐场的所有小朋友都不能正常地玩耍——因为新增了无关的标准，同时也会带来无关的逻辑判断维度，最后让事情陷入混乱的状态。

上文的 YOYO 就是一个例子，原本她对于相亲对象的判断标准应该是，是否谈得来、三观知否一致、性格是否匹配，但是因为引入了完全不相干的 C 之后，不自觉将三个选项中的显性属性进行了比较，最后选择了更容易和 C 之间出现差异的 A，因为 B 的属性里和其他两个选项没有可比较的差异距离。

这就是我们在无法寻找到差异的时候，就会自建一套差异值的例子了。

歪·理·说

外企和科研中心都给了 offer，我选比民企待遇好的那个吧。

从美国回来的高才生 Jim 收到了两个 offer，一个在外企年薪二十万；一个进国家级的科研中心，年薪不高但是在学术界相当权威。两份工作的前景都相当光明，Jim 不知道应该如何选择。这个时候一家小型的民营企业也找到了 Jim，承诺年薪五十万，做部门总监。

于是 Jim 最终选择了去外企。

民营企业的介入，出现了民营企业和外企的差异化，Jim 依据两者之间的差异化做出了选择。而之前外企和科研中心的其他关键性条件都通通被 Jim 忽视了。

选修课不知道怎么办，选老师帅的那个！

小野上大学后，学校要求必须选择一门选修课程。念英语专业的小野在法语和西语之间摇摆不定，因为两种语言都属于大种类语言，老师的水平差距不大，而且难度也是相差无几的。

就在这个时候，小野被室友拉去旁听了一节日语课。

教日语课的老师是个相当油腻的中年男人，下课之后小野马上就决定了："我要学法语，法语课老师比日语课老师帅！"

"那你的西语课老师呢？"室友好奇地问。

"哦，西语课是个女老师啊。"

室友："……"

PART 3

100 元移动 A 套餐：100M 流量 +1000Min
B 套餐：100M 流量 +1000Min+ 语音留言信箱
→ B(×)

移动 A 套餐 100M 的流量和 1000 分钟的通话时长，你表示很满意刚想要定下来。第二天国庆节居然有 B 套餐，B 套餐包含什么呢？100M 的流量和 1000 分钟的通话时长，但是因为过节所以赠送了语音留言信箱的功能。价格和 A 套餐是一样的。

你觉得自己占了大便宜了，并且暗自庆幸，如果早一天定 A 套餐的话估计就没有赠送语音信箱这个福利了。你心满意足地交完费，然后接下来的许多年里，你都没有真正用过语音信箱，甚至语音信箱是怎么使用的，从一开始你就没有搞清楚过。

直到十年后，你突然想升级套餐了，兴冲冲地去移动营业厅办理业务，清单上历史服务的项目上写着“语音信箱”，你觉得诧异：现在的运营商有提供这个功能吗？咋用啊？

然后营业厅的妹子给你推荐了新的套餐 C，50G 流量和 2000 分钟通话时长，你刚想升级到 C 套餐，妹子接着用嗲嗲的台湾腔说：先生，现在关注微信公众号还可以免费将套餐 C 升级到套餐 D 哦，套餐 D 除了 50G 流量和 2000 分钟通话时长之外，还包含了语音信箱的功能哦。

所以你掏出了手机果断地关注了运营商的微信公众号，你说：扫一下微信的事，有赠送的功能不要白不要啊。甚至你都还没记起来，十年前你选择套餐 B 也是因为这个对你来说完全没有任何用处的语音信箱。

你的以上行为，我们可以称之为，选择鸡肋理论。也可以粗暴地称为：你觉得占了一个便宜，但其实啥便宜都没有的理论。

为啥你会同一个坑往下跳了两次呢？因为你在不自觉的情况下，陷入了一个自己给自己设计的加法陷阱。

何为加法陷阱？在你针对一项事物进行判断的时候，通常会选择附加值看上去更高的那一个选项。例如一份猪脚饭，和一份猪脚饭加一个卤蛋，大家都会习惯性选择加卤蛋的那一份，哪怕有人蛋白质过敏，吃完鸡蛋肚子可能会不舒服，他从潜意识里也会很执着地选择有卤蛋的那一份。

公司的部门总监 Kat 最近在招聘新人，他选到最后手里剩下两份简历，两位候选人的工作经验、薪水要求、三观价值其实都是差不多的，这让 Kat 相当为难不知道该如何选择。正在这个时候，Kat 发现候选人 A 的简历上有附加一句：钢琴 10 级。所以 Kat 就选择了 A，因为“A 的技能比 B 要多一项。”

虽然他们是一家芯片研发公司，员工会不会弹钢琴跟会不会做研发并没有任何关系。A 会弹钢琴，对于 Kat 的公司来说其实就是鸡肋的技能而已，产生不了更多的价值。

小黑板课堂

第二十三讲

贪婪感导致的鸡肋理论。

永远不满足对自身已经足够的状态，在足够的状态上还要再附加一些对自己毫无用处的事物，这是因为潜意识的贪婪感而诱发的选择。因为总是想要得到更多，完全不介意附加的东西是否对自己存在意义，总之有的话先要着，反正肯定是没有什么错的。

例：徐阿姨去超市买洗衣液，发现同样价格标配的洗衣液，一款只有光秃秃的洗衣液，而另一款附赠了一张明星的人物海报。徐阿姨选择了有海报的洗衣液。虽然一张海报对于洗衣液来说并没有任何的价值关联，徐阿姨甚至都不知道海报上的那个小伙子是谁，但是至少人家多给你一张纸啊。

这就是因为潜意识的贪婪感导致的鸡肋选择。

加法陷阱的对立面不是减法，而是正确的需求观。

从来不认为每一次的加法都是错误而且鸡肋的，如果超市有卫生纸买一箱送一箱的活动，那么参加活动是个聪明的想法。所以这里说的加法陷阱是指，你根本没有经过任何判断，就直接做出了决定要多一点，再多一点的选择，你潜意识中的贪婪像个无底的黑洞，来者不拒。

所以，这个段落里的文字并不是要求我们每一个选择都要去做减法，因为生活减法不过是无聊的鸡汤。加法陷阱的对立面也从来不是减法，而是在我们每一次做加法的时候仔细衡量加法所带来的正确的需求观。

正确的需求观意为：个体所必需的，不浪费的，并且同时能够提高性价比的选择。

以选择一款汽车为例，汽车里 7000 多个紧固件，每一个螺栓螺母都有力矩要求。正常的一款汽车研发周期为 39 个月，可以算是相当大的工程量了。而无论在此期间的技术含量有多么庞大，我们在进行选择的时候，大部分的选择焦点只会放在发动机、动力、安全、外饰内饰，以及其他附加值更高的高科技功能上。

这就是建立在需求观正确的基础上的高性价比选择。

那么什么又是加法陷阱呢？我们在已经拥有这些高附加值的功能之后，还坚持选择了一些可有可无的功能，例如电吸门、一键启动（插入钥匙后再按按钮）、已经过时的DVD播放机，等等一系列并不能带来更好体验的功能。

你明明可以不需要这些，但是如果有的话，感觉也不亏，所以你不停地在自己的新车上新增这些鸡肋的选择。鸡肋的选择并非没有价值，只是对于你来说没有价值。

此处慎重强调：那种可有可无的爱人，也同理。

歪理说

手机里装了一大堆 APP，一年不用一次但是说不定哪天就会用上呢。

小紫放假回家，被亲妈扯住说："你快帮我看看手机，才买三个月啊，这就没法用了。"

小紫接过手机一看，发现是手机的运行内存不足，再仔细深究下去发现自己亲妈才买三个月的新手机上居然装了 100 多个安卓应用！

"你平时就打打电话，聊聊微信的，你装这么多东西干什么？"小紫很崩溃地问。

妈妈："看到有意思的就安装一下呗，反正都是免费的。"

"翻译软件？你平时也不会遇到什么需要去翻译的情况吧？"小紫指着一个软件无奈地说。

妈妈："我那是备着的，万一哪天能用得上呢？"

"还有飞常准？你需要经常去接谁的飞机吗？"小紫好奇地问。

妈妈："那不是为了接你的飞机吗？"

小紫："可是我几个月才回来一次，你有必要专门去装个软件在手机里吗？"

"我都给你删了吧？"

妈妈："你别删！回头要用的时候我还得再重新下载一次。"

小紫："你一年能用几回？"

妈妈："反正别删，删了浪费。"

小紫："没花钱的怎么浪费了，我看你在浪费你的内存才是！"

出去吃饭，明明很难吃但还是坚持打包回家了。

志宁和朋友出去吃饭，因为不想等位，同时也因为眼瞎，所以选择了一家难吃无比的饭店。

半个小时过后，志宁面对着一桌子的饭菜实在有些难以下咽，于是就对朋友说："不然买单吧？我真的有点吃不下去。"

朋友："这么多饭菜，我们打包吧？"

志宁："打包回去你吃吗？"

朋友："我吃不下去，可是剩太多了，不打包感觉好可惜。"

志宁："服务员，拿个打包盒。"

第二天，志宁又见到了那位朋友。

志宁："昨天的菜拎回去你吃掉了吗？"

朋友："还在冰箱里。"

志宁："再不吃就坏了。"

朋友："我不喜欢吃。"

志宁："所以坚持打包的人不是你么？"

朋友："不带走，总感觉是浪费了钱。"

志宁："说得好像现在就不浪费了一样。"

PART 4

在一望无际的麦地里，寻找最大的那一棵麦穗。(×)

麦穗理论至今在网络上已经被改编成无数个版本，这里讲一个与原著更加接近的故事。

苏格拉底是世界上著名的哲学家和思想家，座下有许多的弟子跟随。

一天，苏格拉底带着几名弟子来到一块麦地面前，刚好是麦穗成熟的季节，一眼望去田地里一片无边无际的金黄色。苏格拉底指着麦地对弟子说："你们去麦地里摘一棵最大的麦穗给我，规则是只能一直往前走不能回头，并且永远只能选择其中一棵麦穗。"

可是麦地里有无数的麦穗，到底哪一棵才是最大的呢？大家一起往前走，站在不同的地方仔细观察，总觉得会有更大更好的麦穗在前面。

有的弟子摘下了自己觉得最大的那棵麦穗，觉得自己还可以发现更大的麦穗，所以随手丢掉了。

不知不觉，所有人都穿越到麦地的尽头，而此时所有人的手里都没有拿着麦穗。弟子们这才反应过来，他们永远不可能找到麦地里最大的那一棵麦穗的。

这就是苏格拉底著名的麦穗理论。

从客观的角度上说，麦地里肯定会有一棵最大的麦穗，但是并非谁都有概率遇见。即使有人遇见了，也未必能在当下做出准确的判断，因此最好的方式是，在你遇到你主观上认为是最大的麦穗时就及时采摘下来，也不至于最后落到两手空空。

小李去买房子，第一天他看中了一套还算不错的房子，但是没有给定金，因为他认为既然第一天就能遇到这么好的房子，那接下来肯定还会有更好的房子等着他。第二天，小李果不其然又看到一套更好的房子，接下来他更坚定了好房子一定还在后面的想法。直到房价上涨到小李根本都买不起了，他才如梦初醒，自己已经错过了很多次的买房机会。

小李之所以会落到这个境地，是因为我们总觉得这个世界给我们的机会是无穷无尽的。但事实上，我们所处的宇宙是有限的。

小黑板课堂

第二十四讲

你之所以像猴子一样掰玉米，是因为缺乏了基础的时间和空间感。

我们中国有个猴子掰玉米的故事，大意和苏格拉底的麦穗理论相似。

猴子是没有时间感的，所以它以为它的选择时间没有局限；相应的，掰玉米的猴子也缺乏了空间感，无法判断它的选择范围到底有多大，所以下一个玉米永远都会是更好更大的玉米，猴子就会掰一个玉米丢一个玉米。

我们在日常生活中，好似一只猴子一样无法做出选择时，也是因为我们缺乏了时间和空间感，我们无法判断前面还有多少时间，以及还有多少可选择的余地。

例：小李大学毕业以后去招聘会，他面试了A企业，拿到了

offer，然后觉得 B 更好，于是拒绝了 A。小李之后面试到了 C 企业，觉得 C 比 B 还要好一点，于是又拒绝了 B，选择了 C，到最后小李依然没有选到心仪的工作单位。

做出最佳选择和选到最佳的区别。

你有很大概率可以做出最佳的选择，但是你的最佳选择未必是选项里最佳的那个部分。做出最佳的选择有两个关键点：

1. 你在最合适的时间里进行了选择的行为。

2 . 你在合适的时间里进行了最合理的对比。

以上面的小李为例，如果买房的时间限制为三个月内，那么在这三个月内都是合理时间，而小李在这三个月里所看过的房子都有部分可以用来进行对比。为什么说三个月内的房子有部分能进行对比呢？因为一套房子在三个月内房子卖出去的概率是 50%，小李还有剩下 50% 的可能性得到一个最佳的选择。虽然他最后选择到的不一定是所有房子里最佳的，但一定是他可以做出的最佳的选择行为。如果说小李希望把概率值提高到 80%，那么他做出选择行为的时间需要相应缩短。

小许妹子长得清纯又可爱，可以说是小仙女了。小仙女的父母着急把她给嫁出去，于是就安排了相亲。她以三天见一个的速度进行约会，父母一共安排了三十个相亲对象，那么小仙女选择最佳对象的时间是在第四十五天，那个时间她已经拥有 50% 的相亲样本，已经足够做出最佳选择。虽然也许最好的那个人藏在第九十天。

所以最佳的选择和最佳的选项，从来都是两件事。

歪理说

什么生意赚钱我就做什么，然后别人都发财了？

小杨手里握着一笔巨款，出来创业。一开始，他是做采石场，专门为各种装修公司提供材料。后来小杨觉得装修公司貌似更赚钱，于是他关掉了采石场，开了家装修公司。装修公司做了一段时间后，小杨发现了这个行业最好赚的其实是油漆，于是小杨把装修公司给转手了，开始做代理油漆的生意。

十年过去了，原先和小杨一起做采石场的人都已经实现了财务自由，而那些开装修公司的老乡公司越做越大，小杨却在油漆行业挣扎，他在考虑要不要转做门窗装修……

学什么乐器好呢？钢琴？小提琴？干脆我去弹古筝吧！

Joy 做完整容手术后，打算再学一门乐器让自己变成真正的女神。

一开始，她选择学钢琴。

学了一个月之后，Joy 有些泄气了，因为钢琴的指法和音阶练习难听又枯燥，而且一同来学习的都是几岁大的小朋友，她根本找不到任何做女神的感觉。

然后 Joy 觉得不如拉小提琴吧，小提琴学的人很少，而且有一种古典的优雅感。于是 Joy 又花巨资请了一个小提琴老师上门服务，结果不到一周她就放弃了，为啥呢？因为小提琴特么比钢琴学起来还要辛苦啊。

最后 Joy 咬牙报了一个古筝班，最终也在学习一段时间后彻底放弃了。目前 Joy 还在学国画和学油画之间左右为难，她都挺想学的……

Chapter 7

『我是为了你好啊……』有时并非真的好

从自己的角度出发，用自己的感受去替别人着想。把“我这么做是为了你好啊”之类的语言挂在嘴边，并且经常显露出一种“圣母”的倾向。有的甚至会要求自己付出了，你就一定要回报我，不回报我你就是狼心狗肺的极端情绪来。但事实上，大家都不愿意领情，甚至往往还会被所谓的“好意”耽误了正事，有苦难言。

▶▶▶▶

Mrs.P 的开场吐槽：我们是你父母，怎么会害你？

◀◀◀◀

“我们这样做都是为了你好。”

“啥？”小龙坐在沙发的对面，一脸无可奈何又带着极度的委屈和愤怒，“为了我好，所以偷偷取消了我的第一志愿，然后填了一个本地的三流大学进去？”

“你二姨说的，我们市的大学有个会计专业不错，而且毕业以后还能直接去他们单位上班，那可是国企啊。”

“你知道我能考的是什么学校吗？”小龙感觉到了绝望，“我的分数是可以报北京大学医学院啊！什么会计！什么国企！你们知道这个专业能够创造的价值是那个国企的多少倍吗？”

父亲皱着眉头：“就算不懂，你用这种态度对我们说话就是对的吗？”

小龙：“啥？”

“你妈做什么都是为了你好，我们是你父母，怎么会害你？”

“……”

“辛辛苦苦把你拉扯大，就为了个大学专业你就这样和我们讲话了？”

“……”

以上的片段，活生生地发生在21世纪的我的表弟家里，小龙急得差点就要去跳楼。还好他的分数很高，后来我们一群人通过各种关系求爹爹告奶奶地又把小龙的高考志愿给改回去了。而小龙的爸妈，以及能给小龙找工作的二姨全程都只有那么几句话：“我们都是为了小龙好……”

“你们年轻人考虑不长远，我们考虑得长远。”

“现在的年轻人真的不懂事，明明是为他好的啊，还发什么脾气。”二姨在闲聊的时候一把鼻涕一把泪地哭诉。小龙沉默了一下：“不然我们先互相拉黑，以后还是过年的时候再见吧。我也是为你好，见不到我你少生气。”

讲真，我搞不清楚什么时候开始“我也是为了你好”这句话变成了一道屡试不爽的护身符。

明明是自己看不上儿子的结婚对象，把女方给逼走，然后说一句：“我也是为了你好。”

明明是管不住自己的嘴，把别人的隐私泄露了出去，然后说一句：“我也是为了你好。”

明明是因为自己的愚蠢、贪婪、低认知、低情商而做出了伤害他人的行为，然后你委屈巴巴地说了一句：“我也是为了你好”之后，一切的问题都仿佛被解决了，而一切的错误都值得去原谅，你就是因为想要成全别人，而牺牲了自己的一个圣母，从此光辉闪闪照大地。

被伤害的那个人，连一个说“不”的权利都没有。

PART 1

我坚持到现在还不和你爸离婚，还不都是因为你！（×）

小梦最近陷入一个比较困扰的状态，她已经二十五岁了，每天回到家，只要父母当天发生了争吵，她的亲妈就一定会饱含着恨意讲出那一句："我不离婚还不是因为你，要不是为了你，我早就和你爸离婚了好吗？"

小梦记得第一次听到这句话的时候是小学一年级，父母在频繁疯狂地争吵之后，终于说好了要去离婚。但第二天小梦回到家里母亲就劈头盖脸地说了这么一句："我没和你爸离婚，你一定要争点气，我不离婚全都是因为你！”从此小梦开始稳稳地背住了“自己爸妈性格合不来但是又离不了婚”的这个锅，直到自己大学毕业参加了工作都还没有放下来。

在中途经历了无数次互相的指责、争吵、甚至是厮打，双方出轨之后，他们依然没有离婚，直到后来连离婚两个字都不再提起。

小梦表示其实自己从小的愿望就是：“希望他们可以快一点离婚，我也不喜欢这样的生活。既然一个家里的三个人都不喜欢这种生活，为什么还在一起住了几十年呢？”

排除婚姻是共同风险承担的制度之外，出现这种情况最主要的原因是小梦的母亲看不见小梦的情绪。因为看不见对方的情绪，所以自己的情绪也同时在无限地扩大，企图将自己的感知嫁接到对方的身上，刺激对方可见的感知。

小梦没有告诉过父母她希望父母可以和平离婚吗？她当然说过，而且不只说过一次。在小梦的记忆里，只要父母发生了激烈的争吵，她都会撕心裂肺地朝他们哭喊：“你们为什么不离婚？你们快点离婚吧！”

但这样的情绪依然被小梦的父母无视了，因为小梦的需求并不符合他们对结果的期待。换句换说：小梦的父母不离婚，并不是因为小梦。

小梦的父母不离婚，是因为他们主观逻辑里认为这样才是对小梦最好的选择。并且他们的主观逻辑里没有包含“离婚也是对小孩的一种好”的思维。

明明父母的出发点是好的，但小梦为此却背负了十年的压力，对婚姻也产生了深深的恐惧，甚至不敢谈恋爱更别提结婚。这个现象，我们可以统称为思维的错位。

在同一件事上，小梦母亲想表达的是：“我特别爱你，为了你宁愿牺牲自己一辈子的幸福。”而小梦理解到的是：“都是因为我，所以你们一直都不幸福。”

一鸣在国外念书，因为家境普通所以一鸣平常也要靠打工来维持自己日常生活的花费。小珊是一鸣的女朋友，家境也很普通，在大学毕业之后小珊不顾所有人反对飞到了美国做一鸣的陪读：“你学习还有打工已经够辛苦了，我要到美国来照顾你呀。等你毕业了，我们再一起回国工作。”

为了方便和女友生活，一鸣不得不推掉学校里价格较为便宜的学生公寓，重新花钱在外面租了一套单人公寓。小珊没有上学英语不好也没法去打工，况且人家女孩子万水千山的来照顾自己，更不可能让女朋友自贴生活费。

所以一鸣日常打工的开销除了维持自己的生活之外还要维持小珊的生活。

半年之后一鸣和小珊因为一些琐事发生了激烈的争吵。

小珊：“如果不是看你一个人可怜，我干吗要飞到美国来陪你？

我家里都给我在银行找好工作了你知不知道？”

一鸣：“我当初让你留在国内工作等我回来，你听了吗？”

小珊：“我所做的一切都是为了你，你居然不领情！”

一鸣：“你做的是为了我吗？你知道你过来以后我每天要增加四个小时的兼职时间才能维持两个人的开销？”

小珊：“说到底，你还是因为钱吧……”

在这里，小珊的主观逻辑是：爱一个人就要陪在他的身边照顾他。但是小珊没有思考到的是：一鸣是否真的需要我这样陪伴在身边。

小珊的爱，导致了一鸣在这一年里工作量翻倍，学习成绩下滑差点无法顺利毕业。所以小珊的爱，是真爱还是伤害呢。

小黑板课堂

第二十五讲

思维错位是因为你的主观逻辑比客观更强大。

在你的主观逻辑里不包含的内容，即使你看见了也很容易将之忽视。这样的现象很容易发生在对外界认知不够，缺乏客观思维的人群上。

例：橘子里含有丰富的维生素，小唐的妈妈以为多吃橘子就一定对小唐的身体好，所以她逼着小唐吃了两斤橘子，虽然小唐是拒绝的，最后还是因为肠胃炎进了医院。

在这里，吃橘子对身体好是小唐妈妈主观逻辑里所包含的内容。吃多了橘子会有肠胃炎的风险，小唐妈妈没有从客观的角度判断问题，所以这个风险相应地就被过滤掉了。

价值是存活在主观逻辑下的产物，价值与价值的互换是寻找主观逻辑的对等。

我们平常所讲的价值都是主观的，不存在于客观的基础之上。在一望无际的沙漠里，钻石与水哪个更有价值？对于无关的第三方来说会选择钻石，对于身处沙漠的人来说，水的价值一定是大于钻石的。

一盆快要枯萎的植物，大约需要 1L 左右的水可以救活，我们一股脑地灌了 10L 下去，结果就是这盆植物被淹死了。从逻辑上看，我们倒下去的第一个 1L 的水对植物是有价值的，那么我们可以说后面的 9L 水毫无价值吗？从浇水的人的角度，后面的 9L 水也代表了价值，因为付出了水费，劳动力，还饱含着要救活这盆植物这样的丰满的感情。

这就是我们在这一节要讲的一个显而易见，但通常又最容易被我们忽视的道理：世界上一切价值都只存在于我们的个体思维之中，我们的主观价值可以相似，可以相同，但绝不相等。

上文中小梦的母亲觉得“不离婚”是一件有价值的事，她用这个价值去换小梦能够提供的相等价值的反馈——明白妈妈真的付出了很多。

而在小梦的主观思维里，母亲不离婚的价值，等同于让大家都痛苦。双方的主观逻辑并没有形成对等，感情的交换自然是不成立的。

歪理说

我妈觉得我冷，所以让我必须穿秋裤。

小安自从怀孕生子之后身体就特别虚，但凡有那么一点天气转凉的情况，小安就必须得长袖长裤地穿着，避免手脚受凉。小安的儿子闹闹已经五岁了，活泼可爱。

夏季刚刚过去，小安带着闹闹去公园里玩，不想却突然起风了。

小安赶紧脱下自己的外套，要闹闹穿上："起风了啊，你不穿衣服会感冒的。"

闹闹玩得满头大汗："可是我很热啊。"

小安把衣服裹在闹闹身上："听妈妈的话，等你觉得冷的时候就已经感冒啦！"

回到家，闹闹把衣服脱下来，已经捂出了一身的痱子了，浑身发痒又不得不擦一层药膏。

小安一边帮闹闹擦药，一边打了个喷嚏，她觉得很委屈："我都觉得冷，他怎么会热成这样呢？"

我都舍不得吃，专门留给你吃的，你还浪费掉了。

小光托朋友从国外带回了一小盒据说是世界上卖得最贵的巧克

力，因为原料珍贵，这个系列的巧克力每年只生产50盒。小光想要把巧克力送给自己的女朋友小星作为认识恋爱三个月的阶段性礼物。

小星其实不喜欢吃巧克力，但是又不是很清楚这盒巧克力的源头，她拿到之后随便尝了一块觉得味道一般就分给了邻居家的几个小朋友。

小光下班回来发现巧克力被人给分完了，就埋怨起来："我都舍不得吃的东西，你倒是挺大方啊。"

小星："一盒巧克力而已，你至于吗？我给你钱就是了啦。"

小光："我是在跟你计较钱吗？那代表了我对你的爱啊！你把我的爱分给小朋友了懂吗？"

小星："……"

PART 2

得不到你，我就要毁掉你，因为我太爱你了啊！（×）

从小家境一般但是通过自己的努力在一线城市站住了脚跟的刘先生，是我见过的最恶心的男人并且没有之一，为什么说他恶心呢？他总是能够以自己的角度为出发点，去逼迫所有人接受他所有想做的事。

刘先生曾经和我的闺蜜芬芬谈了三个月的恋爱，后来分手。

两个人在分手期间，用芬芬的话来说：“他已经成功做到了让我这辈子都不想再和任何男人交往了。”

分手第一天，趁着芬芬下班回家打门的空档，刘先生从楼梯间冲进了芬芬的公寓，跪在客厅里整整一晚上请求芬芬不要分手："我从来没给谁下跪过，我父母都没有，你看我是真的很爱你，请不要和我分手。"

芬芬当场被吓呆了，缓过神来拿起手机就想给朋友打电话请求援助，不想刘先生站起来恶狠狠地夺过她的手机，又跪了下去变回一脸深情："你先答应我，我再把手机还给你……"

面部表情比演戏还要精彩。

考虑到人身安全，芬芬无奈之下只好同意暂缓分手。

第二天，惊魂未定的芬芬又一次受到了惊吓，刘先生买了999朵玫瑰，并且拿着户口本上门求婚："我有房有车，你嫁给我吧！"

芬芬吓尿了："我也有房有车，你饶了我吧！"

刘先生："我条件这么好，你为什么不愿意和我结婚呢？"

芬芬："因为我和谁结婚是要看感情基础的啊。谈三个月恋爱都受不了，以后相处一辈子怎么办？想想都很累啊。"

刘先生："我可以把房子都写成你的名字，我发誓一辈子对你好。"

芬芬："你对我好就是藏在我家门口偷袭我？"

刘先生："你这是什么话？你看你之前每晚加班，我是不是都给你叫夜宵了？你一日三餐一到点我是不是都在关心你吃没吃，吃了什么？你每天早上起床我都打电话向你问早安了吧？结婚把房子写上你的名字了吧？难道我对你还不够好吗？离开我你找不到比我更爱你的人了，你真的不懂吗？”

芬芬：“可是，我根本不需要你这样来爱我！”

刘先生:“可是我真的很爱你啊,我离开你再也不会爱上别人了。”

就这样，芬芬陷在刘先生所谓的“我爱你，你就不准和我分手”的逻辑里被折磨了一个月。终于有一天芬芬在濒临情绪崩溃的时候，咬牙搬家换掉了手机号，才彻底甩开了这个所谓的世界上最爱她的男人。

但从此后我们这些芬芬身边的朋友都被刘先生轮流骚扰了无数遍,从一开始的“我这么爱她,她居然和我分手了”,一直到后来的“你那个朋友就是个狼心狗肺的白眼狼，我对她那么好居然背叛了我”。

我们：“你要不要去看心理医生？”

刘先生：“你们这些她身边的人也好不到哪里去，全都是败类，骗子！”

我们：“拉黑不见。”

直到三个月前,芬芬公司的同事突然都收到了神秘的群发邮件，里面有多张涉及芬芬隐私的偷拍镜头，连芬芬自己都不知道是什么时候被拍下来的。

但是那些隐秘画面是谁偷拍又是谁放出来的，不言而喻。

芬芬在崩溃之中报了警，虽然最后渣男也受到了法律的制裁，但是芬芬的生活也彻底被毁了。她不得不卖掉了房、车，离开这座已经奋斗了十年的城市，去到北方重新开始。

我口渴的时候明明只想吃一个苹果就很好了，而你却偏偏塞给我一车我最讨厌的梨子，还以爱的名义强迫我必须吃完它，如果我不吃你就要伤害我，但是吃了我又会胃疼。你不了解什么叫胃疼，于是又拿把刀抵住我的脖子：“吃梨子是为了你好，不吃的话我就……”

凭什么呢？

极端逻辑——不是美的，就是丑的。不是真的，就是假的。不是善的，就是恶的。不是爱，就一定是恨。不能全部得到，就全部毁掉。以此为标准，来判断身边所有的事物。

这位刘先生的“爱”就是极端逻辑的一种体现：“如果我爱你，你就必须要爱我，否则我们之间就只能剩下恨。”而这样的极端逻辑，往往是因为表达受挫而产生的去抑制化的状态——“我需要在此刻做一些强化情绪的行为来表达我此时的观点，所以我决定不再抑制自己的行为，否则你注意不到我对这个观点的认同度有多么强大。”

从生理学的角度来看，去抑制化其实是在引起大脑皮质内抑制的作用时间内，若出现一种新异刺激，则抑制暂时消失的现象。也有由于某种外加因素的影响使个体的行为抑制下降或丧失的可能，如酒精可以使人的行为抑制力下降，做出不当行为。当然也有可能和刘先生一样，因为他爱的人不爱他。

小黑板课堂

第二十六讲

你想突出自己的观点，于是呈现了去抑制化的状态。

我们将因为个别事情的发生而陷入极端情绪的状态，称之为去抑制化，去抑制化分为良性和恶性两个部分。在这里我们说的是恶性的去抑制化。因为客观场景的限制，导致你无法很好地表达自己的情绪，从而陷入了通过一个言行和观点来强化自己的表现力。

例: 小明的妈妈非常爱小明，有一天小明骑自行车的时候摔跤了，膝盖破了一点皮。小明妈妈赶到后突然戏精附体，抱着小明号啕大哭，路人纷纷感叹母爱伟大。

小明妈妈因为想要突出自己“非常爱小明”的观点，于是选择了可以突出她观点的表现方式。而在正在抑制的状态下，我们不太可能因为孩子的膝盖破了一点皮就抱着对方哭喊。小明妈妈的状态就是典型的去抑制化状态。

用偏激去强化观点，是因为思维框架的局限。

有一部分社会学家认为，人之所以容易出现偏激状态，是因为对方的认知、学识、眼界都未能达到和普通水平正常交换信息的程度。但我们又同时发现，一些类似于气候、环境、动物等等慈善组织中也同样出现了极端逻辑的情况，而这部分人群无论从认知还是从眼界，大多都能够和普通水平持平，或者更高。

一个动物保护组织的女士，因为想要表达自己的观点，所以就向参加知名电影节上的女演员泼油漆，因为这位女演员曾经多次在重要的场合穿过皮草。被捕后，这位女士表示一点都不后悔："我完全不明白穿这些皮草对她来说到底有什么意义。"

看到这里我们大概就能明白了，所谓的偏激行为并非因为人认知偏低（如果认知偏低，这位女士也不会常年为了保护动物而四处奔走），而是他们的认知一直都存在局限。

低认知，我们在前面的章节里有提到过，因为生活环境和教育水平的影响，大脑的逻辑思维对这个世界和事物的理解存在一定缺陷，同时缺乏深度思考的能力。低认知是因为知识水平对事物认知的结果。

局限认知，在一定的认知范围里有相应的思维水平和逻辑处理能力，但正是因为对这件事反复思考了很多次，在主观上设立好牢不可破的思维框架，从而导致了无法接受在此框架外的任何结论。

例子：小玲和小李本来是大学同学，毕业后进入了异地恋状态。

过了段时间，小玲觉得小李对自己很冷淡，经常不接电话不回信息，也从来不主动找自己。小玲在周末的时候买了张机票飞到小李的城市，没想到却换来一条冷冰冰的短信：“不好意思，我在外地考试，你先回去吧。”

小玲对此心存怀疑，同时也相当地委屈。

她冲到了小李的家里对着小李的父母大吵大闹：“你儿子要放弃我们之间的感情，我已经这么委曲求全了，他还一点挽回的意思都没有！”

小李的父母都是老实人，也不善言辞：“那你可以不用委曲求全啊。”

小玲：“我不委曲求全，我们就真的没继续的可能了。”

小李的父母继续讲道理：“那你就不要再继续了吧，小李不值得你去付出，要是你爸妈知道你这样该多心疼你啊。”

小玲：“你们一家人真是没一个好人！”

小李的父母一头雾水：“所以告诉我们，到底想要我们怎么样？”

小玲哭哭啼啼半个小时之后，终于才断断续续地说出来：“我想要小李知道我有多爱他就有多委屈。”

在小玲的思维框架里：如果小李对自己冷淡，自己就应该要去挽回（局限认知）。如果飞到小李的城市都还挽回不了，那么代表自己的挽回力度不够，所以就应该冲去小李的家里大闹一场（观点强化）。只要小李明白自己有多委曲求全了，就不会再放弃两个人的感情。

但是她从没有考虑过，既然一个人都不爱你了，你所谓的委曲求全，连同你所有的歇斯底里不过都是一种冷眼旁观的表演。

因为分手而坐牢的刘先生和不满男友冷对待的小玲都是如此，在恋爱的这件事上已经在主观思维里设置好了框架：我们谈恋爱了，所我们就要一直在一起。

所以他们无法接受与思维框架相悖的观点：我们谈恋爱了，我们未必会一直在一起。

因为无法接受这样的观点，所以才选择了通过更偏激的方式去强化自己的观点，以致最后双方关系极度破裂。

歪理说

我告诉你们这样是错误的，为什么不听？

小文最近在工作中再次陷入了一种歇斯底里的崩溃状态，因为她的同事犯了一个错误。

小文："这件事情我老早就提醒你了啊，你为什么不听呢？"

同事："你当时就啰啰唆唆一大堆，又没有证据，我们要怎么去判断你说的对错呢？"

小文："是不是傻？我都告诉你们这是错的了，你们还要去做！"小文随手拿起一本书朝同事砸过去。

同事："不就是工作上有分歧吗，需要这样粗暴？"

小文："你们根本就没有听我讲话！既然你们不听我的，我反击有什么不对吗？让你们长点记性！"

既然不喜欢吃我做的菜，那就饿着肚子吧！

小玉是一个很好的妻子，但却是一个很糟糕的厨师。所以小玉一家都不希望她下厨做饭，因为根本没人吃得下去。

某日小玉独自在家休假，心血来潮做了一桌子黑暗料理。小玉的丈夫小刚下班回家都惊呆了，随手指着桌子上黑乎乎的一盘："这个是啥？"

"烧茄子啊，你看不出来吗？"

小刚夹起来尝了一口："糊了哎。"

小玉："你试试我的鸡蛋炒番茄，没糊吧？"

小刚："你是不是把糖当成盐了？真的好甜啊！"

小玉很生气，拿着盘子把菜统统都倒进了马桶："我好心好意做饭给你吃，你不领情的话就别吃了！"

小刚："哎哟喂，你这是做什么啊？"

PART 3

你不听我的，一定会吃亏的！（×）

公司里有个为人热情又热心的女同事，名字叫小琪。小琪经常挂在嘴里的一句话就是："我都告诉你了，你还这样，你怎么都不听我的？"

同事外出谈业务打算顺路先去单位A，然后去单位B，小琪听到以后尖叫起来："肯定是先去B啊，你去A做什么？B的事情明显更重要一些。"

同事："我还是先去A吧，人家等着我呢。"

“你听我的吧，A 每年才给我们多少单啊，B 可是个大金主啊。我上次就是……”

同事：“不聊了，再见。”

后来这位同事案子在 B 单位谈得不够顺利，小琪又开始发言了：“我早叫过你重视 B 的呀，你就不听，现在好了吧。”最后唠叨到同事实在受不了：“你少说几句好吧？你怎么就知道我没重视人家？我重视人家还要让你先看到？”

小琪：“你还狡辩，你上次都没听我的。”

同事：“不聊了，再见。”

春节过后，小琪去美容院做了个超声刀祛皱，效果很显著。于是遇到年纪稍微大一点的女同事就开始推荐她的超声刀美容。

“我跟你们说，女人过了三十岁就不要指望靠护肤品来保养了啊。我都后悔这么晚去做了，你们要趁早啊！”

女同事 A：“可是我不想做这些啊，我还没到三十岁呢。”

“你听我的没错的，我就是做得太晚，医生都说了，这种项目早点做的话效果更好。”

女同事 A：“那以后再说吧。”

小琪：“等你想起来的时候就晚了。”转身又对着女同事 B 说：“我告诉你哦，这个东西的原理是……”

女同事 B：“我也要做吗？我才二十五岁啊。”

小琪恨铁不成钢：“反正你们不听我的，等过几年就该后悔了。”

在公司里，小琪仿若是一个亲妈般的存在。无论大家有什么事，被她听到都一定会以过来人的身份指点江山，虽然她自己的年龄也不大，但是仿佛无所不能，生活经验算下来至少是个千年老妖的程度。

有天同事路过茶水间，居然听见刚刚三十岁的小琪在劝一个四十多岁的女领导："我跟你讲，如果男人这么多的猫腻，就暗示这他基本就算是出轨了，就算还没出轨也差不多有出轨的意图了。"

而后者一脸崩溃："事情哪有你说的这么严重啊！"

拒绝接受个体差异，努力用自有的思维去同化对方的思维，以此寻找主观上的认同感，一旦对方并未遵循自己的思维轨迹去做事，就会陷入一种"你怎么不听话"的沮丧状态。

这是因为你的思维中缺乏了界限感。

你没有明白每个人的大脑都是一个独立的系统，系统和系统之间的交互无论多么紧密都存在着界限。系统之间可以无阻碍沟通（例如我们在前面提到的黑箱理论中的输入和输出），但是一个系统去干扰另一个系统的运转就是越轨的无界限行为了。

老王是一个很好的父亲，唯一不好的地方是他总是要打破界限，去干扰自己孩子独立的领域。

老王："你以后谈恋爱一定要找个政府部门的，最次也是事业机关单位的。"

女儿："我不喜欢太过于享受稳定的男朋友，生活有那么多可能性，一辈子在一个地方工作的人不适合我。"

老王："反正你得听我的，不然以后你后悔都来不及。"

小月是个很好的雇主，但是她总是在干涉自己保姆阿姨的家庭生活。

小月："你老公还在赌钱吗？"

保姆阿姨："是呀，他赚的钱全拿去打牌了，怎么劝都不听。"

小月："那你怎么还不离婚？"

保姆阿姨："离不掉，我妈快九十岁了，受不了这个刺激，我一提离婚他就说要回家找我妈。"

小月："你要为自己的人生负责，我觉得你应该听我的早离早好。"

保姆阿姨："谢谢关心，但是要离婚也得等家里老人走了之后吧。"

小月："我前面说的话你是不是都没听明白啊，赌钱的男人真的要不得。"

老王身为父亲，可以关心女儿的感情生活，但是不能干涉女儿喜欢的男生类型。小月身为雇主，可以关心保姆阿姨的生活是否幸福，但是对方是否离婚其实与小月并无关系。这种思维的同化就是一种严重的无界限行为。

小黑板课堂

第二十七讲

依赖性自尊的“你听我的没错”。

依赖性自尊，通过获取他人的赞同、认可和重视从而获得心理上的认同感，树立日常生活中的自信心。一旦对方对自己产生不认同，不重视的行为，就会陷入一种双方认知无法同步的焦虑状态。

而努力进行思维同化，由此取得相当强烈的认同感，则是依赖性自尊建立的第一步。

例：小悠自从怀孕后每天都穿着防辐射衣，朋友小婕知道以后每天都苦口婆心地让小悠脱下来，因为小婕知道防辐射衣并不能防辐射，而小悠所谓的辐射对人体是没有害处的。但是小悠却不这么认为。到最后小婕很生气地说：“我给你看了那么多科普资料，为你好还不听，以后我都不管你了。”

思维不同化才是这个世界发展的驱动力。

虽然中国一直有那么一句古话“不听老人言，吃亏在眼前”，包含着智慧但是以偏概全，这个道理我们在青春期结束之前就已经明白了，自己爸妈说的做的都不一定是对的。

克拉克三大定律的第一条是这样的：“如果一个年高德劭的杰出科学家说，某件事情是可能的，那他可能是正确的；但如果他说，某件事情是不可能的，那他也许是非常错误的。”就算相当有经验的专家站在你面前要求你不要这么去做的时候，你也应该首先无视他的话。

一个钢琴家和一个小提琴家凑在一起组了支乐队。钢琴家说，你必须按照我的方式来进行演奏，否则你就是错误的。这个时候会出现以下三种情况：

1. 钢琴家对小提琴家成功地进行了思维同化，最后乐队演奏出来的效果完全是钢琴家自身的风格，并没有产生两个人艺术风格和谐呼应的奇妙性。

2. 小提琴家不同意钢琴家的说法，坚持按照自己的风格进行演奏，最后出来的效果很糟糕，钢琴家说：“你看，这就是你不听我意见的下场。”

3. 小提琴家不同意钢琴家的说法，但是采纳了部分意见，在演奏的时候依然保留了自己的风格，最后演奏的效果大好。

以上三种情况，前面两种都属于思维同化现象，在第一种情况里钢琴家对小提琴家进行了同化；第二种情况里，钢琴家和小提琴家互相进行同化失败，这两种情况都未能得到好的结果。人类无论从思维还是从目前发展都处于历史上最黄金的时期，其中一个原因就是：不同的思维独立运转的同时又相互碰撞，从而得到更多的新的思维。

换个角度，如果这个世界上每个人都在进行和接受思维的同化，那么我们最终都会变成一模一样的机器人，那些新奇的创造和疯狂的创作也就不复存在了。

歪理说

我让你穿长裤出门你偏要穿裙子，现在感冒了是活该！

小樱参加学校一年一度的校季舞会，学校要求男生女生都要穿正式的晚礼服出席。小樱特意早早地定做了一条小礼服打算在校季舞会上惊艳全场。

凑巧的是在舞会要开始的那一周，天气诡异地降温了。于是小樱的妈妈每天都在提醒她："最近降温了哦，你的裙子怕是不能再穿出去了。"

小樱："是室内舞会，没事的，就是出门的时候会冷一点。"

小樱妈妈："不然你穿一条裤子去吧？你那么多裤子，为啥非要穿裙子去参加舞会？"

小樱："这是学校要求，而且也是出于对活动的尊重啊。"

小樱妈妈："你听我一次话，会死啊？"

小樱："……"

从舞会回来的第二天，小樱起床的时候打了一个小小的喷嚏被妈妈听到了。

小樱妈妈："我叫你穿长裤，你非不听，现在感冒了，知道我当初讲的是对的了吧？”

小樱：“……”

买什么房子？有钱去环游世界啊，一平米可以让你看到亚洲，十平米能够环游欧洲。

杧果是一个美丽的女文青，她的业余爱好就是旅行，有钱一定要去旅行，没钱想办法省钱也要出门旅行。杧果有个好友叫梨子姑娘，梨子比较有经济头脑，工作了几年存下了一笔钱，再借了一些买了套房子给首付。

每个月，梨子姑娘为房贷叫苦连天的时候，杧果都会在旁边无比清醒地说：“你说你买什么房子呢？有这个钱都够去环游世界了。”

梨子：“现在不买房子，以后更买不起了。”

杧果：“房子很重要吗？人的一生就只有两万多天，我们要抓紧时间多去见识见识这个世界。”

梨子：“没房子，以后你住哪儿？”

杧果：“人要活在当下，你买房一平米的钱够我环游东南亚了，十个平米我去欧洲转一圈都没问题，你知道出去旅游对人的意义比一套房子更大吗？”

梨子：“不知道。”

杧果：“你眼界活得这么狭窄，以后会后悔的。”

十年过后，梨子的房子翻了十倍不止，她将房子换成了两百平米的豪宅。而杧果依然在四处旅行，到处宣传自己的价值观：“我告诉你们，旅行的意义一定大于一套房子。梨子住那么大套房子有什么用？她都不敢随便出门旅行。”

梨子：“但是老娘有几百万的房产。”

Chapter 8

所有的道理都明白，但是真的做不到

看过了很多的鸡汤文化，就以为能够百毒不侵。在别人的世界里指点江山，在自己的世界里却自顾不暇，身体里的天使和撒旦频频交战。对内对外存在双标，对现实不满，却又受困于改变，知易行难。什么都明白，但最终什么都做不好。

▶▶▶▶

Mrs.P 的开场吐槽：
在朋友圈里，我们都光鲜亮丽。

◀◀◀◀

我曾经遇到过一个国企的奇葩领导。

有多奇葩呢？他要求他下面的全体员工每天早上喊口号，以此提升士气。

领导是个鸡汤文化的崇拜者，从早上到晚上睡觉之前，至少要转发十条以上的各类鸡汤，什么任正非的企业价值观啊，华为的狼性文化啊，还有一些乔布斯、马云、马化腾等著名企业家的言论，虽然我们都不知道这些话到底是不是人家说的，反正看上去很有道理就对了。

一开始我们都觉得这是个好领导啊，在国企里面还有狼性文化这种觉悟的领导一定可以做成大事。

直到某天，我们因为一个合同接触到他下面的员工，才发现之前的想法通通都是幻觉。

我："小李你好，我们的合同已经在贵公司放了半年了，请问什么时候可以盖章？"

小李："那个合同领导一直没有审批，所以我也决定不了时间。"

我："之前的条款大家不都已经仔细对过一遍了吗？现在只剩下盖章流程了啊。"

小李："领导说还要对你们的项目进行调研和数据分析，最后才能定下来。"

我："那你们领导打算什么时候开始调研项目？需要我们怎么配合？"

小李："具体的我不知道啊，三个月前他就这么说了。这是正常的，你再等一等吧，这才多久？"

我："……"

为了完成合作，我只好又找到那个每天都在提倡高效率，饥饿感的领导。

我："领导，听说在合同审批下来之前，你们还要再多做一次调研？"

领导："是的，双方都是第一次合作我们要谨慎处理。"

我："请问调研什么时候开始，我们需要配合些什么？"

领导："我们一直在准备，就快了，你等消息吧。"电话里传来噼里啪啦打麻将的声音："你们住手！我糊了！哎不好意思，我这边在忙，有事你直接找小李跟进啊。"

我一脸蒙地挂断电话。

说好的狼性文化呢？说好的高效率高执行的企业价值观呢？不由得想起一句好笑又很现实的话：在朋友圈里，我们每个人都过得光鲜亮丽。

用在这位领导的故事里，这句话可以变成：在朋友圈里，我们所有人都是精英。而所有的道理，在发朋友圈时我们都懂，但是依然过不好这一生。

PART 1

小菲失恋了我安慰她没什么大不了，自己失恋了却哭成狗。(×)

我认识的Simon是个相当清醒的角色，我们称他为“妇女之友”，因为几乎所有的女性朋友遇到问题都会去找他解惑。

朋友A：“Simon，我觉得我男朋友就是有点臭钱，但是对我一点都不好啊。”

Simon：“你可以图他帅，图他有钱，但是不要想着图他的好。”

朋友B：“Simon，我被人求婚，不知道是接受还是怎样好啊？”

Simon：“一个女生不到生孩子的时候都不会知道自己嫁的是人

还是狗。”

朋友 C：“Simon，我最近收到一个 offer 在国外的，不知道是去还是不去啊？”

Simon：“工作的根本意义在于你能够全心接受工作的所有，这样才可以获得足够的快乐。”

……

在我们眼里，Simon 就是一碗会自己走路又特别温暖的鸡汤，随时随地都能够抛出一些经典的句子来帮助别人指点人生，而且将道理分析得头头是道，逻辑可以说是无比清晰，仿佛神一般的存在。

那天小菲失恋了，女孩子感情失恋都差不多是一个样子，哭得要死要活地去找 Simon：“Simon，我男朋友不要我了，嫌弃我太胖，我是不是该减减肥把他追回来啊？”

Simon 扯出一张纸巾递给小菲，很温柔地说：“这件事吧，我们要分成几个部分来分析。”

小菲抽了抽鼻涕：“失个恋你安慰我就好了，我并不需要你的分析。”

Simon：“我现在就是在安慰你啊，首先这个男人你不能再要了。无论是不是因为你胖而导致的分手，他都不值得你再继续付出。”

“其次……（此处省略一万字）”

小菲：“虽然并没有什么用，但是貌似你讲的也有那么一点道理。”

三个月后，Simon 居然也失恋了，他的女朋友迫于现实原因选择了一个能让自己少奋斗至少二十年的富二代。于是Simon整个人都陷入了崩溃，给我打电话的时候几乎还能听到他喉咙间的抽搐声："我失恋了，好难过，不想活了……"

我吓得赶紧丢掉电话，冲去Simon家，生怕晚一分钟就会闹出人命来。

推开门，Simon好似一摊烂泥似的坐在客厅的地板上，旁边空啤酒瓶滚了一地。那个看似什么道理都明白的Simon一边哭一边醉醺醺地说："为什么她不要我了？我们这么多年的感情说散就散了吗？"

我："这件事，我们可以分成几个部分来分析……"

Simon："我并不想听你的分析，谁TM在失恋的时候还有心情听你给我分析？"

我感到有些茫然："跟你学的套路用到你身上就不行了？"

其实Simon的问题是在于，他在作为客观的第三方时用思维的定势来构建事件的解决方案。

思维定势，就是我们按照之前的经历所积累的思维习惯和思维规律，这种习惯规律往往更多也会来自其他地方所提供的信息，例如鸡汤文、新闻、朋友的言论等。

那么思维定势是否真的可以帮助我们将解决方案具体化呢？

答案是不能的。因为思维定势最大的特质是巨大的局限性，而思维的局限性注定了逻辑推理上的笨重和刻板，同时这种看似有道理的公式，你几乎可以用来套在所有的事情上，形成自有的看似有道理但实际却并没有什么用的人生哲学。

在小菲失恋的事件里，Simon 用思维定势完全套进了小菲的问题之中，但除了听起来有点道理外，并没有解决任何问题。所以当 Simon 遇到同样的事情时，他会发现：之前很轻易讲出来的道理，要做起来实在是太难了。

小黑板课堂

第二十八讲

解决事情需要成本，而付出成本的那个并非是你，所以说起来很轻松。

当别人出现问题的时候，冷静睿智的你仿佛总是能轻易找到关键点。而自己发生问题的时候，之前所有讲过的道理都是扯淡。那是因为你所有用来奉劝别人的道理都没有考虑付出的成本。

这就好比，我们都知道如果想要发财那么创业的概率一定更高：因为在生产力空前旺盛的今天，无论生意大小都一定会比现在给别人打工的收入要高一些。

但是我们当中有多少人会因为这个道理而真正地放下一切去创业呢？当人生哲学的道理里包含的付出成本超出了我们的预期时，道理就是一句只能说不能用的废话而已。

例：小红复读了一年依然没有考上国内顶尖的大学，小刚很疑惑地说："你需要每天保持 20 个小时的学习时间，学习时长够了的话要考上好大学很容易的啊。"结果第二年小刚也没考上好的大学，因为对于小刚来说明白怎么考上好大学很容易，但是要每天学习 20 个小时换作他也做不到。

知道为什么要做，和知道怎么去做是两件事。

我们所知道的信息量是无法去定量描述的。为什么这么说呢？

《红楼梦》（甲戌脂本）里一共 731,017 个字，上百年来依然不断有人从这 73 多万字当中研读出各种各样不同的意义来，这些包含着各种信息的文字已经远远超过了文章本身的 73 万字有多，这仅仅是一本文学巨著，而且我们相信以后在这七十万字里被后人解读出来的信息会更多，无论是否是作者的原意。

这同时代表着，我们在日常生活中所接收到的信息知识一定是红学所创造出来的信息的无数倍。

那么我们要如何去储存这么多的信息呢？无数海量的信息经过我们个体大脑的过滤、判断分析，第一件事情是这样的，第二件事情也是这个规律，第三、第四仿佛也是相同，这就会在我们的思维最表浅的地方自动简化归纳成一套相应的公式进行储存，目的是为了方便我们在日常生活中随时运用，而我们将这样公式化的运用称之为：道理。

道理可以告诉我们，一件事情为什么我们要这样去做，却无法为我们提供有效的解决方案。那是因为“为什么”和“怎么做”完全是两件事。

我们的经验通常可以很轻易地告诉我们为什么这件事情会是这样，但如果要针对具体的事件去寻找到更具体的方法，往往我们的大脑还需要再从脑海更深处的地方调出储存得比经验更详细的信息，经过反复地匹配、思考、推算，进行一次逻辑的推理后再得出和具体事件相吻合的方法论来。

歪理说

减肥很简单的，你不停运动和节食就好了。

笑笑想减肥，并且拉上体重和自己差不多的阿福一起减肥。阿福基本上处于一个对身材自暴自弃的阶段了："我之前试过很多次啦，真的减不下来哦。"

笑笑语重心长："其实减肥很简单啊，管住嘴迈开腿，一个月保准能瘦。"

阿福："你说得倒是很轻松，你自己去试试看。"

减肥第一天，笑笑："今天虽然有点累，但是坚持下去一定会见到效果的。"

减肥第二天，笑笑："减肥其实很简单啊，只要坚持下去就好了，不知道阿福为什么说减肥很难。"

减肥第三天，笑笑："今天腿抽筋了……忍不住想吃肉……"

减肥第四天，笑笑："算了，不减了，何苦为难自己。"

阿福窃笑："当初我减不下来的时候你可不是这么说的哈。"

从今天起做个温柔的人，每次要发火之前倒数十下就好了。

火火的脾气相当暴躁，这也给他的社交关系带来了巨大的困扰，大家会因为他的脾气过于冲动容易发火，所以都不敢与他深交。

火火决定要找到一个可以帮助自己改变脾气的方法，他从最流行的鸡汤文里下手，反复研读，抽丝剥茧，找到了一条看上去很容易实现的理论：在发火之前先倒数十下，你就不会再生气了。

又一天，小红在不知情的情况下坐到了火火已经预约好的会议室里，火火默默地倒数了十下，终于在数到六的时候忍不住发火了：“我说你用会议室之前能不能先看看门口，门口贴着预约表的啊，这个时间是我提前一天预订好的啊！你们做事怎么都只考虑自己不考虑别人呢？”

小红委屈：“领导让我过来这个会议室等他谈事情，还有，你好好说不行吗？脾气怎么这么差？”

火火的怒火过去之后，开始进入后悔的状态：“怎么说忘就忘了，应该倒数十下等脾气过去的。”

中午的时候，火火去饭店吃饭，比他晚来的几桌人菜都上齐了，而自己点的小炒一点影子都没有。这次火火记住了，在发脾气之前一定要倒数十下，他飞快地从十数到了一，发现自己的愤怒一点都没有消失，还憋得差点掀桌子：“服务生你们怎么搞的！我都等了半个小时了，不想做生意就不要做好吧！”

在这个倒数理论实行了一天之后，火火终于发现所谓的倒数十下根本无法改变他的暴脾气。现在的火火表示自己有点无所适从了：“我到底要怎么做才能改变我的性格呀？吃药管用不？看心理医生管用不？”

PART 2

我知道做完近视眼手术不能过度用眼，可就是戒不掉熬夜玩手机。(×)

小芳最近花了一笔“巨款”去眼科医院找教授做了近视眼手术，用十几分钟时间摘下了戴了二十多年的眼镜。离开医院的时候，医生反复地叮嘱她：“你回去后要保护好眼睛啊，用眼疲劳的话会出现近视反弹的，到时候什么手术都救不了你了。”

“嗯，你放心吧！”小芳暗暗下定决心，以后上班时间每三十分钟要休息一下眼睛做做视力保健操，晚上回去尽量不对着电脑和手机，可以听听音乐一样是放松休息。

结果当天晚上回家小芳就破戒了。

刚洗完澡，朋友小李就打来电话："你知道吗，你在追的那个美剧有更新了啊！我刚把链接发给你，赶快去看！资源不知道啥时候就没有了。"

小芳："可是我刚做完眼睛手术，不能对着电脑太长时间哦。"

小李："哦，那你等眼睛全都恢复好了再看吧。"

挂掉电话小芳陷入了一种心痒难耐的状态，想狠狠地煲剧，但是刚刚做完手术。不看吧，这部剧她已经等了一年之久，现在终于有更新，这就如同过节一样是件大喜事。

想来想去，小芳还是用一个理由说服了自己打开了电脑："我就破例这一次，明天开始，在休息时间坚决不看手机不看电脑，眼睛的疲劳都是长期叠加形成的，一次而已，对眼睛不会有什么伤害。"

第二天下班回家，小芳打开音响开始听音乐。手机里的微信滴滴滴滴地不停响，她又忍不住打开看，原来是许久不见的高中老同学自发拉了个群聊，有很多断十多年联系的人又重新联系上了。

"聊下天而已啦，眼睛随时都可以保护，但是老同学真的不常见得到啊。"

于是小芳又忘记了昨天发过的誓，一整晚都拿着手机在微信群里聊得不亦乐乎。

第三天，我刷一刷微博就可以了，不费事的。

第四天，沉浸在豆瓣的讨论小组里无法自拔。

第五天……

一个月后小芳去医院复查视力，出现了轻微的下滑。

医生情绪有些失控：“不是告诉过你刚做完手术一定要注意用眼疲劳吗？”

小芳：“医生你说起来挺容易的，但是我真的做不到啊！”

小芳陷入的是一个自我惯性和自我突破的博弈循环——我知道应该这么做，但是我的身体机能的惯性会将我扯向相反的方向。

人类的个体，从大脑到身体都存在一个行为惯性，我们称之为惯性区域，在日常生活中，我们会将自己的行为言论放进这个相对安全的惯性区域里，因为经验告诉我们，发生在这个范围内的都是有经验的，重复发生过的，在这里无论我们怎么去闹，都不会出现太大的乱子。

但是经验只是过去已经发生的思维积累，当我们的生活中出现了我们之前没有经历过的事情时，我们曾经安全的惯性区域也将变得不再符合新发生的情况。

小芳在没做手术之前是完全没有经历过“手术后需要注意用眼疲劳”这样一个事件的。所以这个道理对小芳来说需要强行在旧有行为惯性中强行插入新的思维逻辑：我想看手机，不行，你不能玩手机太长时间！我想煲剧，不行，你要控制用眼时间！

这里就出现了一个新增思维和惯性区域相冲突的情况。而这种激烈的冲突会导致你彻底陷入新增的需求和你自身行为之间无法构建联系的尴尬，最终小芳陷入了：臣妾知道，但是臣妾就是做不到的一个循环里。

小黑板课堂

第二十九讲

惯性是由经历积累的，所以也只有经历才更容易突破惯性。

事物的发展之所以出现了惯性，是因为之前这样的发展已经循环了很多次。

这个道理用在我们个人的言行也是如此，因为在过去有了无数相似的行为和经历，所以形成了我们的惯性活动。那么要做到惯性突破，从理论上来讲也只有新的经历积累到一定程度后，形成新的惯性来替代旧有的习惯。基于这个理论，才会出现所谓的“21天养成效应”等等的行为心理学话题。

例: 作者本人还有三天时间交稿，作者知道要按时完成目标的话，自己每天必须写一万字，但是作者的习惯是每天只写三千字，所以作者一时间真的做不到……

从降低门槛到提高门槛，比一开始就强迫自己更管用。

我们通过以上的文字知道了，要在固有的行为里去创建一个新增的行为，特别是这个行为和之前的行为习惯发生冲突的时候，这其实是很难的一件事。但并非没有办法。

举个例子，小蓝出来工作后赚了一笔钱，于是就萌生了要出国留学的想法。但是小蓝离开学校已经很久了，从社会重新进去学校是一件很难的事，首先她的英语就不能过关，而且她根本没有时间完成雅思学校“每天背诵 100 个单词”的学习任务，因为小蓝的内心知道就算自己从现在开始每天挤出时间来背 100 个单词，也是不可能坚持下去的。

所以小蓝选择了“降低门槛”这个方法，她从每天背诵 10 个单词开始，提高到 20 个，再慢慢提高到 50 个，100 个，最后突破了 200 个单词的背诵量，直到完成课程参加考试，在相同的时间里，小蓝的学习量和雅思学校要求的“每天 100 个单词”的学习量是相等的。

这就是一个构建降低门槛的方法，当新增行为无法很好地被惯性区域所接纳时，我们可以从最少的量慢慢开始。

歪理说

我知道我有脂肪肝，我再喝最后一口今后就戒酒。

银河去医院体检的时候被查出来患有中度脂肪肝，家里人知道后就开始无时无刻地劝银河戒酒。晚饭过后，银河又偷偷把珍藏了许久的洋酒掏出来准备小酌一杯。

家人：“还要不要你的肝了？知道喝酒对你来说有多危险吗？”

银河：“我就喝一小口啊。”

家人：“你昨天也是这么说的啊。”

银河：“我今天喝完就不喝了，你看家里也没酒了，就剩这么一点不喝也浪费。”银河说完这句，美滋滋地将自己最后一点酒给喝下去了。

第二天晚饭，银河又掏出一瓶新开的酒：“我再喝一小口，不碍事的，戒酒也需要时间的嘛。”

家人表示就要放弃银河：“需要时间可以理解，但是到目前为止你根本就没有在戒酒啊。”

我知道房间很脏，我明天就大扫除。

小周单身时间太久，在外地工作一个人住着一套小公寓，时间长了未免就养成了一些坏毛病，例如：一个月都不打扫一次房间。

后来小周开始谈恋爱，女友第一次到小周家的时候差点被吓晕厥。地板上到处都是衣服，厨房里到处都是用过的碗筷，茶几上到处都是外卖餐盒。

女友的反应相当大："你还是打扫一下房间吧？"

小周："今天没时间，明天我就打扫。"

第三天，女友去到小周的公寓，发现还是老样子。

女友："你不是说会打扫一下的吗？"

小周："我记得的，我打算周末就打扫。"

到周末女友再去小周的公寓，意料之中他依然没有打扫屋子。

女友："你什么时候把房子打扫干净了，我再来找你吧……"

PART 3

道理我都明白，我也做了，但就是做不好！（×）

小邓是个勤奋好学的好青年。具体表现在，他身为一个普通的程序开发员居然一直在不停地自学各种各样的东西。

小邓的口头禅是："自古写字楼如青楼，不许楼里见白头。"为此还尚算年轻的小邓提前陷入了中年危机的焦虑之中——我一定要学习更多的东西，否则会被年轻人给比下去的。

所以他开始疯狂去学习各种课程，从人工智能跳到古典文学，从古典文学跳到逻辑思维，又从逻辑思维跳到了PPT制作……无论课程是否收费，小邓觉得对自己有提升的就一定会去报名参加。而且小邓表示如果不是时间不够的话，他还想去报一个芭蕾舞班的。

我问小邓："你学这么多东西，真的能有用吗？"

小邓："这是在提高我的综合能力啊。综合能力提高的话，我整个人的综合竞争力就提高了。这个道理你都不懂哇？"

我："那你为啥不把所有的学习精力都放在一个地方，这样你的学习不是更有效率吗？"

小邓："这个，你讲得貌似也有点道理。但是你看，我现在会的东西可多了……"

所谓低效率认知，讲的就是小邓这样的情况。我们习惯于吸取新的信息，总结出新的知识，但这些信息为我们带来的认知帮助是微不足道的。小邓虽然知道自己要努力，才能够保持个人竞争力这个道理，但是他却选择了提高信息数量，而并非提高信息质量的路径。

这就好比潜水，真正的潜水运动员十年如一日地在难度最大，海水最深的地方一次又一次试探自己的极限。而大部分的普通人却在各地旅游景区不亦乐乎地玩着没有太多技术含量的浮潜，最多花钱考个潜水证就以为自己新增了一项技能。

这就是为什么道理你全明白，你也去做了，但你就是做不好的原因。

因为你用错了方法。

著名的女团XX48的团宠成员L小姐，天生丽质，是一个做艺人的好材料，虽然出道的时间不长，但是人气极高，有好几次都差点冲到女团人气排名第一的位置上。

在这样的情况下，L 小姐的经济团队替她打出了“演唱艺三栖偶像”的概念出来。

慢慢走红以后，大家发现一个不太对劲的地方——这个 L 小姐哪里都好，能演戏，但是演技相当勉强；能唱歌，但是唱功最多达到 KTV 小霸麦的水准；也能去参加参加综艺，但是全场反应木讷，互动上也不如综艺艺人那样机敏；当然她也是可以跳舞的，从舞姿能看出来大概参加了二十节的舞蹈课程水平不能更多。

去年 L 小姐生日会的时候，非要上台一边跳一边唱了一首流行歌：《瞅瞅你都让我干了啥？》，结果全程效果烂到爆棚，人气也下滑到了最低点。

作为一个艺人，L小姐唱歌了，跳舞了，参加综艺甚至还去演戏了，但是每一个环节她都只是做了，并没有做好。这大概是她一直都冲不到团队里人气排名第一的原因吧。

小黑板课堂

第三十讲

你做不好这件事是因为你对事物的极限程度缺乏深度的认知。

我们都知道做了一件事，和做好一件事是有区别的。很多人在开始做一件事情的时候，往往对新的事物只抱有相当粗浅的、基础的一个认知。因为缺乏对事物的认知基础，所以根本不清楚自己要做到什么程度，才算把这件事情做好了。这就导致了很多人会出现“我明明已经做了，你怎么还说我没做好呢”的情况。

例：小张阿姨想学钢琴，她花钱报了一个月的钢琴速成班，学会了演奏一些简单的曲目。小张阿姨就觉得自己已经会弹钢琴了，她为自己又新增了一项才艺而感到高兴。在小张阿姨的认知里，她不明白能弹钢琴和会弹钢琴的概念之间还横着一条“十年如一日的反复练习”的鸿沟。

做了这件事和做好这件事之间还有一个“重复加深”的行为差距。

信息的数量和信息的质量之间，我们更容易量化的是信息的数量这个维度，因为是更容易被大家看见的。小白和小黑两个人，小白会写作，会打篮球，会唱歌，还会打架子鼓。而小黑只会写作，别的都不会。从这里的信息数量上来看，我们理所当然地认为小白的能力比小黑更加优秀，因为他会的东西很多啊，多就代表综合能力强，生活更加丰富，人生更加精彩。

但是深究下去，小白所谓的会写作，只限于平时写写自家粉丝不到一千人的公众号；会打篮球是因为在学校参加了业余的篮球队；会打架子鼓是因为年轻的时候想泡妞所以随便学了两个月，能打得噼里啪啦的足够唬人就行了。

而小黑的会写作是从小学时期就开始不断培养和练习的，至今小黑已经出了好几本书，并且提名了国家文学类的大奖。

小黑在做这件事情的同时，会不断地重复这个事情，一直加深对这件事情的认知和经验，最后将一件事情做到了极限。小白同样也在做这件事，但是因为他有太多的事情要做了，所以他做了就算是做过了，缺乏一个重复加深的行为。

这就是为什么小白看起来比小黑厉害，但是实际上小黑比小白更厉害的原因。而我们在日常生活中，往往关注的是数量，而忽略了不容易被别人看到的质量。李小龙曾经也说过，我并不害怕会这个腿法的人，我害怕的是这个人将这个腿法练习了一万次。

歪理说

通宵做了 PPT，老板居然不满意？

小渔费了九牛二虎之力终于应聘进一家很大的企业做策划专员。

能进这个企业的员工在行业里都可以算是精英了，所以小渔暗暗发誓在工作上一定要比别人更努力，千万不能让大家小瞧了自己。

一日领导突然通知紧急加班，因为要给第二天老板出席的演讲会议做一个 PPT。

这个争取表现的好机会让小渔自告奋勇地包揽下来，不就是做个 PPT 嘛，自己以前在学校里也做过很多的啊。接到活儿后小渔四处找材料，找创意，通宵加班终于赶在第二天的会议之前把 PPT 给做好了。

不想老板看到了小渔的 PPT 却大发雷霆："这做的是什么玩意儿？我怎么能拿出去见人？什么时候我们的员工水平这么差劲了？"

领导在挨过老板的训以后又过来训小渔："你 PPT 到底做的是啥？你可是主动要求做这个的，不至于是这个水平吧？"

小渔满腹委屈："我可是做了一个通宵的啊，没有功劳也有苦劳吧！"

领导："我们做事情从来只看结果，不是所有的人都有能力做这个活儿的，你要有自知之明才对。”

我英语过了六级，但是我出国还是整不明白老外在说啥？

小强考了三次，终于把英语六级给考过了——分数刚刚过了线一点点，但已经算是个不错的结果。假期的时候小强和爸妈去美国自驾游，小强的父母都没念过什么书，对英语更是一窍不通，所以沿途都得靠小强来翻译。

这可真的是为难到小强了，因为那些老外说的话小强能听明白 50% 已经算是很不错了。大部分时间小强根本就不明白对方到底在讲啥，跨国的友谊全靠肢体语言去进行沟通。

母亲埋怨他：“你都是过了六级的人了，出国还是不懂英语啊。”

小强：“我在学校学英语是为了应付考试啊，根本没想过要出国应用的。”

父亲：“你学那么多年英语不是都白学了吧。”

小强：“我是过了六级，但是不代表我就真的会实地运用英语啊！”

母亲：“学了你还不会，不会你还敢说自己学了？”

PART 4

道理都懂了，事情也都做好了，那还有努力的意义吗？（×）

据说金庸小说里的独孤求败，这辈子都没有找到可以打败自己的人。不仅仅是自己，他的三位传人杨过、风清扬和令狐冲，在练成武功之后这辈子似乎都一直处于一种：“老子武功天下貌似第一，所以好寂寞哦”的状态。

而以上三位，都是小彭同学的偶像。

小彭同学是个怎样的人物呢？从懂事开始，几乎所有的事情他都希望可以争取拿到第一。

在幼儿园，午睡的小被子一定要叠得比别的小朋友更整齐；睡觉尿湿被子的情况坚决控制到最少的次数；上学之后，所有的学科小彭都希望是满分，如果出现了别人成绩和他一样好的情况，那么在体育课上他都要用短跑把对方给比下去。

小彭同学一直保持着这种凡是都要做到最好的状态。直到博士生毕业，他是所在人群里最优秀的那一位。然后他工作了，进入了社会才突然发现：啥？为什么比我厉害的人还有这么多呢？

所以他陷入了迷茫：努力把每件事都做好的意义到底在哪里？我努力有意义吗？我做了这么多成功的事情有意义吗？而他没有考虑过的是：每件事情都一定有它的意义所在吗？

金庸世界里的人物，把独孤九剑练到了极致，哪怕可以打败其他所有的人，意义在哪里？风清扬依然自食了恶果，而令狐冲隐退了江湖。

小彭的问题其实永远没有答案，因为这并非一个问题——“这个世界上所有的事都有目的，但并非所有的事都具备意义。”

我知道要去做一件事，然后把这件事做到自己极限范围内最好的，从而达到了某个目的，这才是我们要做好事情的关键。

由此我们可以得出一个逻辑：事情的发展最终是达成目的，而并非是达到意义。

九十二岁的小野二郎是日本最具人气的“寿司之神”，在过去的五十多年里，小野二郎唯一的工作就是在东京银座写字楼的地下室里做寿司，尽管他的寿司店看起来更像是一个简陋的工作室，但也并未影响他成为世界上最会做寿司的人。

有记者去采访他：“做寿司对你来说具有什么独特的意义吗？”

老人：“没有特殊意义啊，我只是想把寿司做好而已。”

把寿司做好是小野二郎的目的，而意义呢，他大概从未考虑过这个问题吧。

小黑板课堂

第三十一讲

“这件事还有意义吗”不是一个问题，而是一个答案。

你的努力是为了一个目的，然后才会考虑意义，首先满足事物发展的基础需求，从而提高发展的效率。而意义并不存在于所有的事物之中，“这件事还有意义吗”不是一个问题，而是一个答案。

例：小蓝想写一本具有特殊意义的个人文集，他首先要完成文集中的内容任务，然后才能从达到的目的中产生文集的意义。如果小蓝首先就没有达到完成文集的目的，那么文集的意义也并不存在。

你感觉到很困了，于是喝了一杯咖啡。这杯咖啡帮助你达到缓解疲倦的目的，但咖啡本身不具备任何意义。

目的大于所谓的意义。

为什么会这么讲呢？因为意义它是一个很大的大概念，包含了人对自然或社会事物的认识，是人给对象事物赋予的含义，是人类以符号形式传递和交流的精神内容。

虽然意义很庞大，但是意义并非无处不在。

但我们所有的行为都是有目的的。目的，通常是指行为主体根据自身的需要，借助一切言行意识的中介作用，达到预先设想的行为目标和结果。作为观念形态，反映了人对客观事物的实践关系。

人类所有的行为活动都以目的为依据，目的贯穿行为活动的始终。

在人类的发展中，人类对目的的需求永远是大于意义的。在远古时代，人类首先要通过狩猎、务农、采集食物来获得生存的目的。在生存目的达到的基础上，才衍生出语言、文字、图形和音乐等等具备了意义的事物。

所谓的意义永远都是基于目的完成的基础上的，并不单独存在。

歪理说

我讨厌你们这些目的性极强的人，我向往去郊野开一家酒吧。

小王在工作中和同事起了争执，一怒之下他辞职了：“现在的工作对我来说就是浪费时间，根本没有任何意义。”

“那你想去做什么呢？”朋友小李好奇地问他。

“我不喜欢做目的性太强的事，我想去郊外开家酒吧。”小王很认真地说。

小李：“工作就是目的性太强，开酒吧就没有目的性啦？”

小王：“我从小喜欢音乐，开一家酒吧对我来说意义重大。”

小李：“开酒吧首先你要找到一个合适的地方对吧？”

小王：“对的。”

小李：“找一个合适的地方，就是一个目的。而找到合适的地方后，你要开始装修吧？那么装修，又是一件目的性很强的事。装修完了，你要招聘酒吧员工吧？招聘也是一种目的哦？”

小王：“……”

小李：“所以你看，对你来说意义最重大的事情，其实依然是由一连串目的性很强的事情作为基础的。然后，你才能实现你的意义。”

这份工作对我来说一点意义都没有！

小乔大学毕业后，进入一家企业做部门助理。每天的工作就是收收快递，填写表格，发发邮件，接待客户。时间长了，小乔觉得自己这份工作没有任何意义，于是就提出了辞职。

领导：“做得好好的为什么要辞职呢？”

小乔：“我一个研究生学历的人每天干的都是助理的活，这样的工作太没意义了。”

领导：“那么你觉得怎样的工作才有意义呢？”

小乔：“起码能让我做一个项目，或者参与到业务经营中去吧。”

领导：“你认为你的能力足够做这样有意义的工作了吗？”

小乔：“不会我可以学习的呀。”

领导：“让你从助理做起本身就是为了让你学习，你真的没有发现这个道理吗？”

Chapter 9

来自群众的神吐槽

1

“我爸妈总是把我和隔壁的孩子拿来比较，要命的是我们都在一个班，他们的理论很奇怪——都是一个老师教的，为啥我们两人之间的差距那么大？”

“因为你们不是一对爹妈生的。”

2

“之前念书的时候说什么不让我谈恋爱，非要让人好好学习今后有个好前途，现在刚毕业又催着我要结婚。”

“因为可能是发现你没啥好前途了，所以换个思路也算是个方法。”

3

两位妈妈交流完思想感情和育儿经，回到家，我妈看到我在看书，很生气：“又在看小说，不是不让你看，每天看书会把脑子看傻的，你就不能学学小王，周末去上上舞蹈班，丰富丰富业余兴趣？”

我默默放下书，拿起手机，把这件事告诉了小王。那头的小王隔了一小会儿才回我，她说，她正准备出门上课，刚在换鞋子，现在被她妈妈拦住了，她妈让她多学学我，窝在家里看书。

4

你努力学习，赚钱旅游，扩展见识，经济独立，思考独立。

你的生活充满了希望，你想要认真地过好自己的每一天。

然后你在周围的人眼里也不过是一个“年龄都这么大了，居然还不想结婚”的怪咖。

5

我想要告诉所有的人：“女生穿什么是她的权利，就算她只穿了内衣走在路上，也不是你要去侵犯她的理由！”

6

“你唱歌厉害，你去开演唱会啊！”

“你踢球厉害，你代表国家队进世界杯吧！”

“你好看，你好看就去选美呗！”

“你有什么资格说人家不好？你说人家不好之前，要不要先看看你自己？”

7

某日闺蜜来哭诉：“我男朋友家暴我，拿了我的钱，还出轨了，我要不要分手！”

众人劝分。

次日，闺蜜和男友复合：“知人知面不知心，人人都巴不得你快点失恋好看你笑话呢！”

8

“这个月初刚给你三千多块零花钱，不到一个月，怎么又没钱了？”

“你啥时候给我三千多块钱？我怎么不知道？”

“月初给你一千，又给你买了两千多块钱的衣服，怎么不是三千多？！”

9

我爸妈对我说：“我们只希望你考到前 10。”

后来，我考到前 10 名时，我爸妈说：“我们要求也不高，你考到前 5 就行了。”

再后来，我考到了前 5 名，我爸妈说：“我们没别的要求了，你要考前 3 名啊。”

再后来，我考到了前 3 名，我爸妈说：“我们对你的期望只剩下考第一名了。”

终于，我考到了第一名，后来，我爸妈却说：“你看看你怎么考的，上次你甩了第二名 5 分，这次只高了 2 分。”

我：“……”

10

“你这只红笔哪里来的？”

“老师，我在门口捡的。”

“捡的？你再去捡一个我看看。”

11

“没做作业的自己把手举一下吧，今天就不罚你们了。”

“好了，小强你出去站着吧。”

“没做作业的自己把手举一下吧，今天就不罚你们了。”

“呵，今天没有啊？小强你出去站着吧。”

“老师我没举手啊！”

“你举没举都没做。”

“小强你为什么打人？”

“他老拿瓶子丢我。”

“他怎么不拿瓶子丢我呢？”

“下面咱默写单词，哪位同学想上来的举一下手。”

“来来来，小强你来。”

“老师我没举手呀！”

“没举手的不能上来了么？”

12

“女孩子还是要像个女孩子一样，抽时间好好打扮一下不行吗？”

某日打扮过后。

“好好一个女孩子，为什么要把自己打扮成妖精？！”

13

前天晚上九点多，老婆大人忽然说饿想吃东西。想到她晚饭后刚说过要减肥，我就说都已经这么晚了，就不要吃东西了。

然后她说：是不是想饿死我，然后再找一个？

遂冷战。

昨晚，老婆又说肚子饿，想吃东西。人不能在一个坑里摔倒两次！我当即二话不说，叫外卖送了一份夜宵。

她吃完躺沙发上玩了一会手机，忽然说：你是不是想养肥我然后把我甩了再找一个？

14

前不久，公司同事苏西找到上司，要求涨工资。

上司向她要涨薪的理由，她说："现在这点工资，我没法好好工作。"

上司怒了："你不好好工作，连这点工资都对不住，还谈什么涨薪！"

苏西说："给我涨了钱，我就能好好工作。"

>> 结语 >>

写完这本书，我依然长时间地保持在“我去！刚才想说啥来着？”“我怕是把这个事情讲不清楚了”以及“这个逻辑是啥？”的状态之中无限循环。

对于一个横向思维严重的女性来说，要从逻辑学的角度来把几个道理说清楚，讲明白，其实是一件并不容易的事，甚至比使用无数华丽的辞藻，通过修饰比喻的各种手段，以此来表述一个故事、一些情感，还有对世界的感觉，都要难得太多太多了。

我们通常可以很轻易地去表达自己的感觉，却无法轻易地去追溯感觉的根源。

我认为，有这个问题的人并非我一个，而是所有的人。

就如同本书最后一章的主题“道理你都懂，但依然过不好这一生”一样，这本书里的道理我们都懂，甚至有的在网络上也频繁地出现，但是我们不懂的是“为什么”，更不懂的是“我们应该如何去解决这个问题”。遗憾的是，我并没有能力将这本书里的每一个道理，每一条逻辑都讲得无懈可击。

这个世界是荒谬而奇幻的，它的荒谬来自于我们自身的荒谬；同样它的奇幻也是因为我们太过于奇幻——这就是因果。

我身边无数的精英，或看似精英的普通人，将自己的过去、现在、未来都建立在一套又一套看似牢固却又不堪一击的逻辑上。这是因为大道理几乎所有人都会讲，而知行合一是个美好的幻想。真正的知行合一，谁能做到？你做到了吗？我没有，我身边也没有人可以完全做到。这就是我接下来要说的事情——

逻辑上的正确，并不真正意味着行为上的正确。

而行为上的正确，也从不代表认知的准确。

而认知，从来是个虚无又变幻莫测的东西。虽然在这本书里，我反复在强调认知，以及认知、感知、目的、界限的关联，但并不妨碍我们每个人在第二天醒来时依然会沉溺于衣食住行、柴米油盐，现实与梦境交缠，但希望一直都在远方。

活着，也只是为了感受我们是活着的。

而很多事情，就是没有逻辑的。

出 品 人 | 朱 家 君
总 经 理 | 常 蓦 尘
总 编 辑 | 熊 嵩

执行总编 | 罗 晓 琴
设计总监 | 李 婕
发行总监 | 章 筱 迪

执行策划 | 颜 燕
特约编辑 | 陈 思
装帧设计 | 章 喆

插图绘画 | 瓜田李下Design
流程校对 | 余 幼 吴 琼
宣传营销 | 蒋 惊 蒋 雷

总出品 漫娱图书

脑洞W系列 热梗STORY 糖衣炮弹 密钥

图书在版编目（CIP）数据

神逻辑 2 / 石佩灵 著 .—武汉：长江出版社，2018.6
ISBN 978-7-5492-5846-8
Ⅰ. ①神… Ⅱ. ①石… Ⅲ. ①逻辑学－通俗读物 Ⅳ.
① B81-49
中国版本图书馆 CIP 数据核字（2018）第 142311 号

神逻辑2 / 石佩灵 著

出　版	长江出版社 （武汉市解放大道1863号　邮政编码：430010）			
市场发行	长江出版社发行部			
网　址	http://www.cjpress.com.cn			
责任编辑	张艳艳			
特约编辑	陈　思	开　本	880mm×1230mm　1 / 32
装帧设计	章　喆	印　张	9.5
印　刷	深圳市精彩印联合印务有限公司	字　数	211千字
版　次	2018年6月第1版	书　号	ISBN 978-7-5492-5846-8
印　次	2019年8月第3次印刷	定　价	35.00元

电话：027-82926557(总编室)　027-82926806（市场营销部）